Excelで学ぶ
食品微生物学

増殖・死滅の数学モデル予測

Predictive Food Microbiology

藤川 浩 ● 著

はじめに

食品およびその原材料は一般に各種の微生物で汚染されています．その汚染微生物の中には食品成分の分解力の高い腐敗微生物およびサルモネラ，黄色ブドウ球菌などの食中毒細菌が含まれます．食品またはその原材料を温度などが不適切な条件下で保存・輸送すると，汚染していたこれらの有害微生物が増殖します．その結果，食品腐敗や食中毒事件を起こし，私たちに大きな健康被害，経済的損失を及ぼす可能性があります．そのため，食品またはその原材料をある条件下で有害微生物がどの程度増殖するかを予測できれば，食品安全上大きな情報となります．特に，食品中での食中毒細菌の増殖は一般に腐敗を伴わないため，その予測は食品安全上，特に重要です．本書では，ある環境条件下での微生物増殖をどのように予測するかを付属の Excel プログラムを使ってわかりやすく解説します．

一方，食品中の汚染微生物を殺菌するために，私たちは調理も兼ねて加熱をしています．そのとき，汚染微生物がどの程度死滅するかは非常に重要な情報です．加熱によって十分な殺菌が行われなければ，食品中の有害微生物が生き残る可能性があります．そこで，本書ではある加熱条件下での微生物死滅をどのように予測するかを増殖と同様に付属の Excel プログラムを使ってわかりやすく解説します．同時に殺菌工程上重要な指標である D 値と F 値の計算方法も Excel プログラムを使って解説します．さらに，化学物質，放射線による殺菌についても解説します．

また，本書では微生物の増殖および死滅予測を理解するため，必要な基礎数学，数値計算方法および数値計算を自動化する Excel プログラミングの基礎を，第 2 章と第 3 章で解説しています．興味のある方は是非お読みください．また，コラムとして現在入手できるいくつかの解析および予測プログラム，データベースを紹介してあります．

読者の方々が本書によって微生物挙動の定量的解析とその予測に興味を持ち，さらに実践に活かして頂ければ，幸甚です．

2015 年 11 月

藤　川　　　浩

（注）本文中にある枠で囲んだ部分は，より詳しい説明です．興味のある方は是非お読みください．また，本書で用いる各 Excel プログラムは Ex4-1 のように示しています．

目　次

第2部　微生物の増殖解析　63

第3部 微生物の死滅解析 129

コラム 169

第1部

基礎編

第1章 食品における微生物の増殖と死滅

1.1　はじめに

微生物は私たちの生活環境のいたるところに生息しています．ごく一部の微生物は私たちの健康に有害で，その例としてサルモネラ，黄色ブドウ球菌，腸管出血性病原大腸菌などの食中毒細菌が知られています．食品の原材料がこれらの食中毒菌に汚染されていることがあります．たとえば，食肉ではサルモネラ，黄色ブドウ球菌，カンピロバクター，腸管出血性病原大腸菌などの汚染が知られています．海洋性の魚介類では腸炎ビブリオ，また穀類や野菜ではセレウスが知られています．したがって，加熱殺菌工程のない生鮮食品では食中毒細菌の制御が特に重要です．

このような病原微生物でなくとも，タンパク質，アミノ酸の分解性が高いいわゆる腐敗細菌が食品中で増殖すると腐敗の原因となります．また，食品を汚染するカビ（糸状菌）も肉眼で識別できるほど成長すると，異物として扱われます．一方，穀類，ナッツ類はアフラトキシンなどのカビ毒を産生するカビで汚染されていることがあり，保存中にこれらのカビが増殖すると，カビ毒を産生します．発酵食品に不可欠なパン酵母もほかの食品中で増殖すると，多量のガスを産生し，食品容器の膨満を起こし，苦情食品として届けられることがあります．

このような有害微生物，特に食中毒を起こす細菌が食品中でどの程度に増殖するかを解析し，予測できれば，販売者および消費者は事前に対応することが可能です．有害微生物がどの程度の菌数に達しているかを販売あるいは喫食する前に推定できれば，食品衛生上非常に重要な情報となります．また，有害微生物が生成した毒素など有害物質の量が予測できれば，これも食品安全上非常に有益な情報となります．

一方，多くの市販食品は製造工程中に加熱による殺菌が行われ，その原材料を汚染する微生物数を大きく減少させることができます．この加熱工程においても汚染微生物の菌数がどの程度減少するかを定量的に解析，予測することはその食品の安全性を評価する上で非常に重要です．食品以外でも，医薬品の微生物汚染対策はさらに重要であり，食品以上に高い製品の殺菌保障（殺菌バリデーション）が要求されます．そのほか，消毒剤などによる化学的手段および放射線，紫外線などによる物理的手段による殺菌評価においても定量的解析は当然，要求されます．

一方，食品中の有害微生物の増殖および死滅を定量的に解析，予測することは，そのような微生物に汚染された食品を喫食した場合に，どの程度の確率で発症するかを科学的に評価する上でも貴重な情報を与えます．すなわち，食品による健康被害のリスク評価をする上で重要となります．

食品およびその原材料を汚染する微生物は温度，食品の水素イオン濃度（pH）など各種の物理的・化学的環境要因の影響を受けて，増殖あるいは死滅します．一方，微生物間にも競合などのさまざまな関係がみられます．本書ではこれらの環境の中で微生物挙動を菌数の時間的変化として捉え，数学的手法を使って解析し，さらに予測します．

一般的な生物の成長，増殖に関する数学モデルを解析した書籍も各種出版されています．それらにはさまざまな数学モデル，数式が紹介されていますが，シミュレーションによる解説が多く，実測データが少ないのが実情です．しかし，本書は実測結果による科学的根拠（Scientific Evidence）に基づいた解析と予測を行います．シミュレーションだけではヒトの健康への影響評価はできません．本書では数多くの筆者らによる実測データを用いながら，微生物の増殖と死滅をどのように解析し，予測するのかを解説します．

1.2　数学モデル

数学モデルは，微分方程式などで表される決定論モデルとそれに対する確率論モデル，メカニズムに基づいた機構論モデルとそれに対する実測値との一致に重点をおく経験論モデルなどに分類することができます．またこれらの中間に位置するモデルも数の上では多いといえます．

当然，ある現象，ここでは微生物の増殖と死滅を表すモデルとしてはメカニズムに基づいたモデルが最も望ましいのですが，実際に微生物細胞の増殖あるいは死滅に関するメカニズムを数式で表し，またそれを数学的に解析した解を求めることは一般に不可能です．一方，微生物の増殖および熱死滅について，その速度は細胞内のどの物質の増加あるいは失活速度によって支配（律速）されているかという問題もいまだに解明されていません．その標的の候補としては各種の酵素，DNA，RNA，ATP などが考えられていますが，不明のままです．

そこで，微生物挙動を単純化して表現するモデルが多く作られています．食品中の微生物の増殖および死滅は特に病原菌の場合，ヒトの健康に直接関わるため，数学モデルによる予測精度が食品安全上，非常に重要です．したがって，メカニズムよりも実測データをいかに高い精度で表し，さらに予測できるかが食品微生物分野の数学モデルにとって最重要課題となります．

1.3　微生物の増殖

食品およびその原材料は多様な種類の微生物に汚染されています．その汚染濃度は，微生物の種類，食品の種類によりさまざまです．

微生物，特に細菌は分裂によって次のように自己増殖します．増殖に適した環境中に置かれた1個の細菌細胞はある時間が経つと分裂して同じ大きさの2個の細胞に増えます．その2個の細胞は，しばらくするとそれぞれ分裂をして4個に増殖します．さらに，この方法でこの細菌は増殖を続け，ある時期においては一定時間ごとに2分裂を続けます．これは後述する指数関数的増え方です．しかし，次第に増殖速度は低下し，最後にはある最大菌数に達するとそれ以上菌数は見かけ上増えません．さらに時間が経過すると，次第に細胞は死滅し，菌数は減少していきます．

ここで細菌の菌数とは，生きた（増殖できる）細胞の数である「生菌数」を表します．死滅した細胞あるいは増殖できない細胞は生菌数に入れません．生きた細菌細胞は適した微生物用培地で1個から増殖してコロニー（集落）を作ることができるので，そのコロニー数を数えれば，それが生菌数です．したがって，生菌数の単位は colony forming unit（CFU）で表します．生菌数の測定法については本章の終わりでも触れます．

これらの増殖過程を時間に対してプロットすると，増殖曲線が描かれます．ここで注意しなければならない点は，通常のグラフと違って，縦軸は菌数自体ではなく，常用対数値とすることです．最適な条件下では，食品1gまたは1mlあたり1個の細胞が最終的には約10^{10}個（100億個）にも達します．そのため，この変化を通常の2次元グラフで表すことはしません．微生物増殖では，菌数を対数変換した片対数グラフ上で増殖曲線はいわゆるS字型曲線（Sigmoidal curve）を描きます．例として，殺菌液卵中にサルモネラ菌を接種し，保存した場合の増殖曲線を**図1-1**に示します[1)]．細菌増殖は次の3つに大別できます．

［I］　ほとんど菌数変化のない「誘導期（Lag phase）」
［II］　ほぼ一定時間ごとに盛んに分裂を繰り返す「対数増殖期（Log phase）」
［III］　ほとんど菌数増加のみられない「定常期（Stationary phase）」

なお，対数期は，徐々に増殖が始まる「増殖促進期」，増殖速度が最も速くてかつ一定な「対数期」，増殖が徐々に遅くなる「増殖減速期」の3つに分けることもあります．

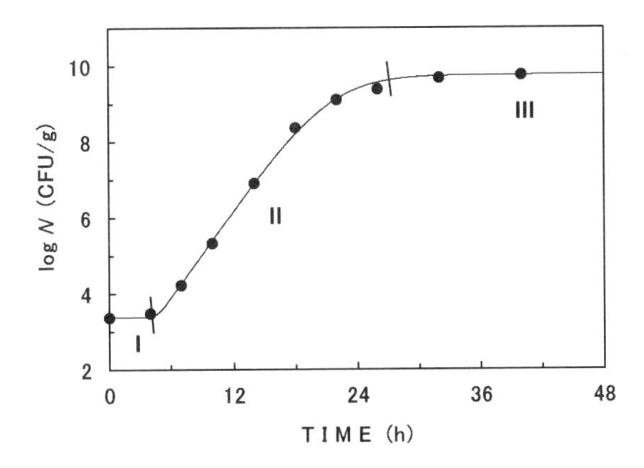

図 1-1 殺菌液卵中でのサルモネラの増殖曲線（24℃）
●は実測値を示します．I，II，III はそれぞれ誘導期，対数増殖期，定常期を示します．増殖曲線は後述する新ロジスティックモデルを用いて描きました

酵母は原則として有性生殖できますが，通常は細菌のように無性的に出芽あるいは分裂方式で増殖が多く起こります．実際に測定すると，無性的に増殖する場合，片対数グラフ上でS字型曲線を描きます．カビ（糸状菌）もそのコロニーは胞子と菌糸からなり複雑ですが，食品中での増殖を測定すると，その生菌数はやはり片対数グラフ上でS字型曲線を描きます．

以上から，食品を汚染する細菌，酵母，カビの増殖は，時間とともに片対数グラフ上で一般にS字型曲線を描くと考えられます．ただし，S字型曲線にもいろいろなバリエーションがあります．同じ微生物細胞でも環境条件によってS字型曲線の形状は当然異なります．また，微生物の種類が異なれば，同じ環境条件でもS字型曲線の形状は異なります．S字型曲線の形状は，その誘導期の長さ，対数期の傾き，最大到達菌数などが特徴を示すおもな要素と考えられます．本書ではこのS字型曲線を表すいくつかの数学モデルおよび数式を用いて微生物増殖を解析し，さらに予測を行います．

1.4　微生物の死滅

製品の微生物学的安全性を確保するため，食品の殺菌は非常に重要です．食品原材料は，土壌，海水などの自然環境から得られるため，多種類の微生物に汚染されており，それらの汚染微生物が製品製造中の殺菌工程によってどの程度まで死滅するかを食品製造者は常に監視する必要があります．

通常の（栄養型）細胞では特に耐熱性の強い菌種はいませんが，細菌胞子（芽胞）の耐熱性は非常に高いことがよく知られています．たとえば，食品の加熱処理後にボツリヌス菌の胞子が残存した場合，食品安全上大きな問題となります．芽胞は耐熱性が高いだけではなく，休眠期があり，生理学的にも複雑な過程を持ちます．これについては第14章で解説します．

食品の殺菌にはさまざまな方法がありますが，最も一般的な方法は加熱です．マイクロ波殺菌，通電殺菌などもその殺菌の主体は生じた熱作用に起因します．その他のおもな殺菌方法として，殺菌剤や放射線による方法が挙げられます．

本書では，食品の殺菌で最も行われている加熱法について，微生物の死滅挙動を中心に解説し，次いでその他の殺菌方法による死滅挙動を解説します．微生物の熱死滅にはいくつかのパターンがみられます．その測定方法は，滅菌した水溶液あるいは液体食品に対象微生物細胞をある濃度で分散させ，それを一定温度下である時間熱処理し，その生残した菌数を測定します．その死滅パターンは**図1-2**のように表すことができます．ここで，図の縦軸は生残菌数の対数値，横軸は加熱時間（単位:分）を示します．ここでも縦軸は菌数の対数変換値を使います．なお，縦軸は生残率の対数値で表すこともあります．生残率とは非加熱試料の生菌数を対照とし，それに対する各処理時間での生残菌数の比率です．

最も基本的な生残曲線は，図1-2のAのような直線型で，時間に比例して生残菌数（対数値）は減少します．これからはずれる場合もあり，加熱後期にテール（尾）がみられるタイプ，加熱初期に肩がみられるタイプ，さらに肩とテーリングの両方がみられるタイプもあります．

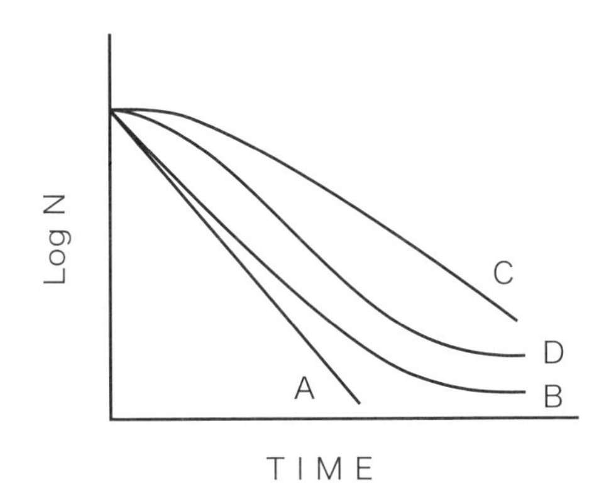

図 1-2　微生物の熱死滅パターン
A は直線的死滅，B はテールのある死滅，C は肩のある死滅，
D は肩とテールのあるパターンを示します

実際にどのパターンになるかは，さまざまな要因によります．食品の物性，微生物細胞の生理的特性などが複雑に組み合わさっていると考えられるからです．しかし，基本的な死滅パターンは直線です．そこで本書では，まず直線的な死滅タイプをまず解説し，次にその他のタイプについて行います．

1.5　微生物データの取り方

1.5.1　精度

本書で扱うデータは，すべて定量的測定法で得られた数値です．定量的検査には，陽性・陰性で表す定性的検査と同等あるいはそれ以上に各操作の正確性が要求されます．精度の低い数値データをいくら優れた数学モデルで解析しても意味はありません．測定結果には，温度，時間のような物理的測定条件，試薬や溶液の濃度，活性などの化学的条件，使用する微生物細胞の状態などの生物学的条件，さらに測定者の技量が大きく影響を与えます．この中でどれか 1 つの精度でも劣れば，測定結果全体に影響を与えます．特に，菌数測定では正確なピペット操作が要求されます．また，微生物測定はすべて無菌的に行うため，測定者は無菌操作に熟練している必要があります．

精度の高い信頼できるデータを得るためには，「適正検査規範（Good Laboratory Practice：GLP）」に基づいた測定が大切です．そのため，使用する機器の管理，測定者の手技などに関する日常の精度管理が重要です．精度管理についての詳細はほかの書籍を参考にしてください．

1.5.2　増殖実験

1.　操作方法

まず均一な食品試料を準備します．用いる菌株を液体培養後，高速遠心によって洗浄します．その細胞を食品試料に接種し，十分に混合します．接種菌数は広い菌数範囲での増殖を調べるため高くないほうがよく，著者は通常 10^3 CFU/g あるいはそれ以下に調整しています．作成した試料は一定量ずつ滅菌済み容器に入れ，設定した温度条件で保存します．決められた時間ごとに試料を取り出し，微生物増殖を止めるため，すぐに氷水中で冷やします．各試料の総細菌あるいは目的の菌種の生菌数を求めます．以上の概略を**図 1-3** に示します．

精度を高めるため，各測定点での試料数を複数にするか，実験自体を複数回行います．標準偏差あるいは標準誤差を求める場合は，3 個以上の試料数が必要となります．なお，同一の試料容器から時間ごとに少量ずつ取り出す方法は試料に雑菌が混入するリスクがあります．

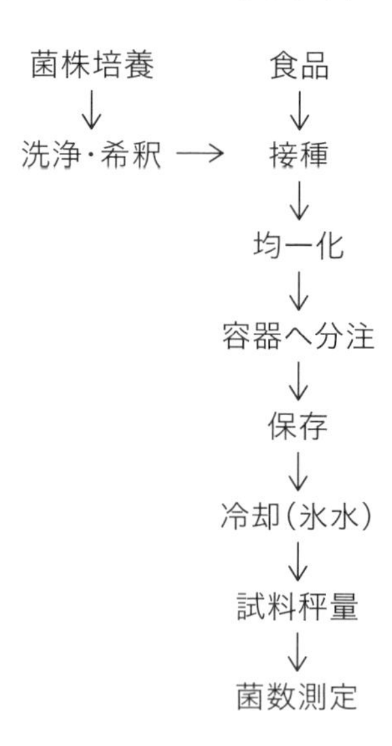

図 1-3　増殖実験操作手順

ここで注意する点として，試料温度があります．第 1 に試料を入れた容器を設定温度の恒温器に入れても，すぐにはその設定温度に達しません．真の保存時間は，その温度の到達時間が経過した後となります．実際にどの程度の到達時間が必要かをデジタル温度計で測定しておく必要があります．容器の形状，大きさなどによって到達時間は異なりますが，筆者の経験では 15〜30 分です．第 2 にインキュベーターなどの設定温度と実測温度に差がよくみられます．筆者は同一の熱電対型デジタル温度計を基準温度計として，試料温度を測定し，解析を行っています．

2. 菌数測定法

ここでは，適した寒天平板上で増殖してコロニーを作れる生きた微生物の数を菌数とします．生菌数ともよびます．試料の菌数測定には均一とした食品試料から一定量を秤量し（通常 10 g または 25 g），その 9 倍量の希釈液（ペプトン食塩緩衝液，リン酸緩衝液，生理食塩液など）を加えます．固形の場合は，ストマッカーあるいはブレンダーを用いて十分混合し，10 % 乳剤にします．その乳剤（通常 1 ml）を 9 倍量の希釈液（生理食塩水など）を使ってさらに 10 倍，100 倍，1,000 倍，……と連続希釈します．その希釈系列から一定量（通常 1 ml または 0.1 ml）取り，目的に応じた寒天培地に接種します．

細菌数の測定は通常，標準寒天培地を用い，混釈法あるいは塗抹法で行います．混釈法では，50 ℃以下に保温した溶解状態の標準寒天を準備します．滅菌シャーレに希釈した試料（通常 1 ml）をピペットで入れ，溶解した寒天を無菌的に入れ，よく混ぜた後，寒天が固形化するまで静置します．さらに同じ寒天培地をその上に少量重層します．塗抹法では，表面を乾燥させておいた寒天平板上に試料（通常 0.1 ml）を乗せ，それを L 字型ガラス棒で広げます．現在は一定体積の液体試料をらせん状に塗抹するスパイラルプレーターも使われています．寒天培地では各希釈につき通常 2 枚の寒天平板を用います．以上の概略を**図 1-4** に示します．

低温細菌，芽胞菌も同様に標準寒天平板を使って操作します．サルモネラ，黄色ブドウ球菌などの食中毒細菌を測定するにはそれぞれ適した選択培地を用い，それに試料を塗抹します．筆者はサルモネラには XLD 培地，黄色ブドウ球菌には Baird-Parker 培地を使っています．

真菌（酵母，カビ）の菌数測定には，代表的な寒天培地としてポテトデキストロース寒天，麦芽エキス寒天などがあります．試料中の細菌の増殖を抑制するため，これらの培地には抗生物質（たとえばクロラムフェニコール 100 mg/L）を加えます．ただし，抗生物質に耐性の細菌も自然環境中に多く存在するので，注意が必要です．低い水分活性下で増殖の速い好乾性真菌では寒天平板の水分活性も低くする必要があります．そのためにグリセロール，食塩，ショ糖などを加えます．また真菌の多くは好気性であるため，塗抹法が適します．

試料秤量（25gあるいは10g）
↓
希釈液（ペプトン食塩緩衝液など）：9倍量
↓
混合：ストマッカーあるいはブレンダー
↓
10倍連続希釈（1ml試料＋9ml生理食塩水）
↓
塗抹（0.1ml）または混釈（1ml）

図 1-4　菌数の測定手順

培養条件は，細菌では35±1℃で，48±3時間，真菌では25℃で5〜7日間培養します．低温細菌測定は，通常7±1℃で10日間程度培養します．
芽胞数の測定は，試料（液体試料または10％乳剤）を100℃またはそれ以下の温度で加熱して芽胞以外の栄養型微生物細胞を死滅させた後，標準寒天培地などを使って培養します．クロストリジウム属菌数の測定には，食品乳剤試料と溶解したクロストリジア培地を透明パウチ内で混合し，寒天が固化した後，密封して培養する方法があります．
培養後，寒天平板上のコロニー数を数えます．コロニー数計測で信頼できるコロニー数は細菌（および酵母）の場合，一般に1平板あたり30（または25）個から300個までと考えられています．1平板あたりのコロニー数がこの範囲外の場合，その値は通常用いません．ただし，カビのコロニーは大きく成長するため，平板あたり数十個を超えるコロニー数は数えられないことがあります．
次に，計測したコロニー数の平均値とその希釈倍率の値を用いて，試料中の微生物数（CFU/gあるいはCFU/ml）を算出します．たとえば，ある固形食品を1000倍に希釈した試料0.1 mlを標準寒天平板に塗抹し，培養した結果，平板あたり平均120個のコロニー数が計測されたとします．その食品の細菌数は1,200,000 CFU/gと計算され，1.2×10^6 CFU/gと表記します．

3.　注意事項

多くの菌種の微生物が混在している試料では，目的の微生物数を測定するために特定の化学物質を加えた選択培地を使う必要があります．それらの物質を加えて対象以外の菌種の増殖をできるだけ抑制することがいわゆる選択培地の原理です．ただし，選択培地では，抑制力が強すぎて目的の微生物の一部が損傷を受けていると増殖できない場合があります．最近では後述するように，対象微生物の生理的特性を利用した発色酵素基質培地も多く開発されています．この培地では，特定の微生物が培地中の色素源（基質）を分解して特異的な色調のコロニーに成長します．しかし，これらの選択培地および発色酵素基質培地平板上で，特定の色調・形状のコロニーがすべて目的の微生物である保証はありません．そのため，さらにそれらのコロニーについて性状を確認する必要があります．

一方，標準寒天培地は，環境および食品，水，臨床材料など多種にわたる試料を対象とするための最大公約数的な培地組成です．含まれる栄養濃度は低く，培地の pH は中性です．また，培養条件は好気的であり，培養温度は 35 ± 1 ℃で，培養時間は通常 48 時間です．そのため，菌種によっては当然この培養条件下では増殖してコロニーを作ることはできません．たとえば食塩が含まれていないので，食塩を必要とする好塩菌は増殖できません．一方，食品衛生法上の細菌数は，この寒天培地で形成したコロニーをすべて測定することになっています．したがって，もしカビあるいは酵母のコロニーも形成されていれば，それらもすべて計数します．前述のように本培地の栄養濃度は低いため，SCD 培地などのもっと栄養分の豊富な培地のほうが，同じ食品試料でもさらに多くのコロニーが出現することがあります．

寒天平板培地でのコロニー数を測定する以外に，いくつかの微生物数測定法があります．試料中の微生物数が少ない場合は，最確数（Most Probable Number）法およびメンブランフィルターを用いたろ過法が使われます．そのほか，計数盤法，細胞内物質（DNA，ATP など）による測定，重量による測定などがあり，目的によって使い分けます．

1.5.3 殺菌実験

ここでは，食品の加熱殺菌を想定して対象微生物の熱抵抗性（D 値）を測定します．基本的な操作方法や菌数測定法は増殖実験と同じです．

1. 操作方法

微生物の増殖を測定する場合と同様に，滅菌した食品あるいは緩衝液中に対象微生物を接種します．広い範囲での菌数減少を解析するために，初期菌数は 10^6 CFU/ml またはそれ以上が適しています．対照細胞を均一に懸濁した試料を作成した後，密閉容器に入れます．容器は熱伝導の速い，薄くて細長いガラスチューブが適しています．加熱用の TDT チューブも市販されていますが，やや肉厚で扱いにくいため，著者は厚さの薄いパスツールピペット先端部をガスバーナーで溶封して作ります．プラスチックチューブは熱伝導が遅いため，適しません．

加熱には，温度が 100 ℃以下であれば通常の水流ポンプ式ヒーターを使います．100 ℃以上で加熱する場合は高温用ヒーターを使い，熱媒体もグリセリンなどを用います．ブロックヒーターもありますが，いずれの加熱機器でも試料温度を事前に実測しておく必要があります．増殖試験と同様，試料温度の到達時間（come-up time）も測定しておきます．全加熱処理時間から到達時間を引いた値が，真の加熱時間となります．
試料の入ったガラスチューブは温度を設定した温浴中へ完全に浸し，一定時間経過したら，速やかに取り出し，冷水中に漬けて加熱反応を止めます．加熱中は，試料を入れたガラス容器を熱水中に完全に浸す必要があります．もし容器の一部が水面上に出ていると，その部分の温度が設定温度よりも低くなり，結果として生残する菌数も増加します．以上の概略を**図 1-5** に示します．
その他の殺菌方法でも重要なポイントは，処理時間に達した時，死滅反応をいかに停止するかです．殺菌剤の場合は，別の化学物質の注入による反応の停止あるいは希釈によって殺菌作用が完全に停止するかを事前に確認する必要があります．

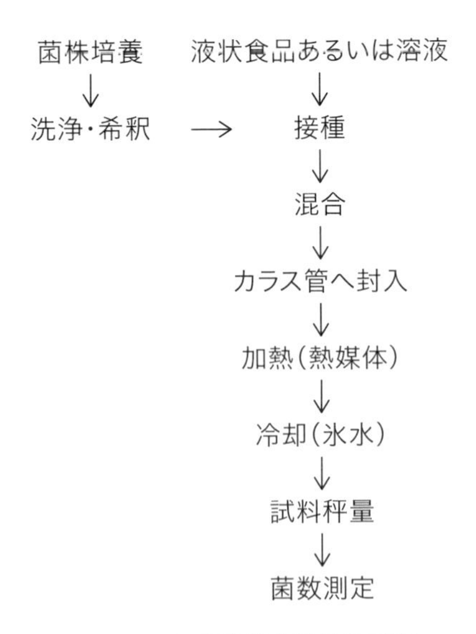

図 1-5　加熱殺菌実験操作手順

2.　菌数測定

加熱殺菌では冷却した容器を開封して試料を取り出し，その生残菌数を測定します．通常，細菌は標準寒天培地，真菌（酵母，カビ）はポテトデキストロース寒天などを用います．ただし，増殖実験で述べたように，標準寒天培地は栄養成分量が多くありません．そこで，熱ストレスによる損傷菌を評価するため，培地に各種の物質を添加することがあります．特に，増殖抑制物質を含んだ選択培地平板では，抑制のない培地平板に比べてコロニー数が少ない場合，コロニーの大きさが小さいことがあります．

また，詳細は割愛しますが，加熱処理後，試料の入った容器（缶詰など）をそのまま培養する方法もあります．培養後，開封して微生物検査（定性試験：陽性または陰性）を行い，全加熱試料数に対する陽性試料数の割合から生残率を得ます．次に，各加熱処理時間での生残率から確率的に評価します．

引用文献

1）M. Z. Sakha and H. Fujikawa（2012）*Biocont. Sci.*, 17, pp. 183-190.

第2章 Excelを用いた数値計算とグラフ作成

微生物の挙動に関する数値計算も，本質的内容においては本章で解説するように通常の科学技術計算と変わる点はありません．一方，比較的計算量の少ないデータを解析・予測するために「Microsoft Excel（Excel）」のような表計算ソフトウェアはとても適しているといえます．また，Excel 上での解析操作を単純化するために，Excel のプログラム機能「Visual Basic for Applications（VBA）」は非常に有効です．本書では，VBA を使った解析法も説明し，その前提となる VBA プログラムについても解説します．

Excel は，解析した数値データのグラフ化も容易です．関数の種類も豊富で，特殊な関数が必要でない生物系の計算には十分です．これらについても解説を加えました．なお，本書では Excel2010 および 2013 を使って解説します．

2.1　Excel の準備

本書では Excel を使ったさまざまな解析および予測を行います．そのためには，通常の Excel では使用しない機能も使うため，いくつかの設定が必要となります．第 1 に，VBA を使うため，マクロのセキュリティを変更すること，第 2 は，アドイン機能を加えることです．また，循環計算を可能にするよう設定しておくとよいでしょう．

1. マクロのセキュリティを変更する
   Excel を起動したら，「開発」タブの中にある「マクロのセキュリティ」を選び，**図 2-1** のように「マクロの設定」で「警告を表示してすべてのマクロを無効にする」を選びます．ただし，Excel は VBA などが使えないように自動更新されていることもあるので，注意が必要です．その場合はマイクロソフト社の指示に従い，設定を戻します．もし，「開発」タブがリボンに表示されていない場合は，次のように設定を変更します．「ファイル」タブをクリックし，「オプション」を選択すると，「Excel のオプション」が開きます．「リボンのユーザー設定」をクリックして，「メインタブ」の下にある「開発」チェックボックスをオンにして，「OK」ボタンをクリックします．

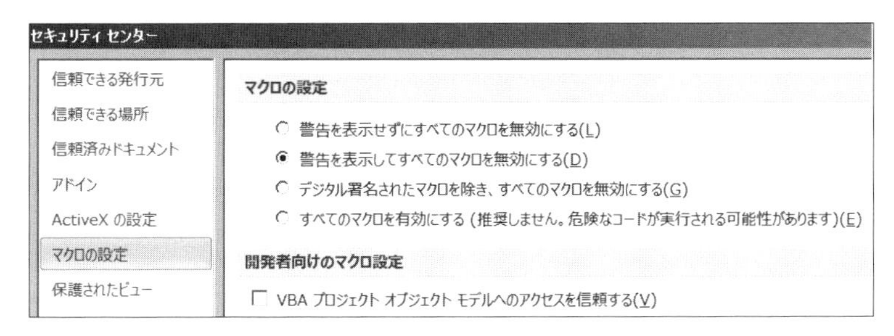

図 2-1 マクロのセキュリティ設定

なお，マクロを含んだ Excel ファイルを保存する場合，「ファイルの種類」は「Excel マクロ有効ブック (*.xlsm)」を選ぶ必要があります．また，本書で示したようなマクロを含んだ Excel ファイルを開くと，**図 2-2** のような「セキュリティの警告」が表示されるので，「コンテンツの有効化」ボタンを押してマクロを有効化します．

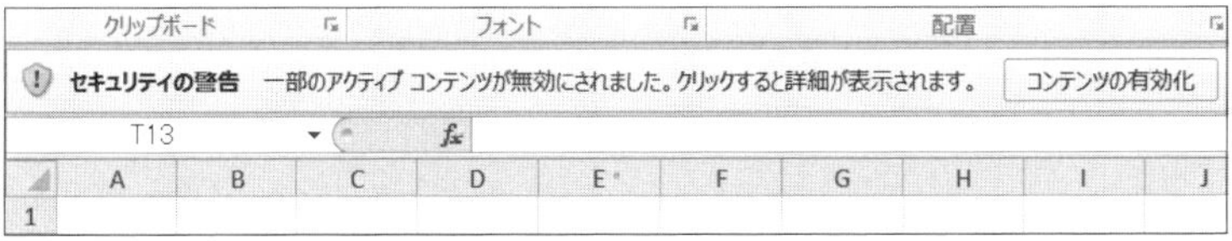

図 2-2 セキュリティの警告

2. アドイン機能を加える

「開発」タブの「アドイン」を選び，次に**図 2-3** のように「ソルバーアドイン」にチェックを入れます．「分析ツール」，「分析ツール-VBA」にもチェックを入れておくとよいでしょう．

図 2-3　アドインの設定

3. 循環計算を可能にする

Excel シート上のあるセルがそのセル自体の計算式内に含まれることがあります．たとえば，**図 2-4** に示すように，セル D1，E1，G1 にそれぞれ数値 6，5，7 が入力され，セル F1 にはセル範囲 D1:G1 のセルに入っている数値の平均値が必要な場合です．ここでは平均値を求める関数 AVERAGE を使った例を示します．操作を進めると，循環参照のメッセージが現れ，最終的にセル F1 は 0 を示します．

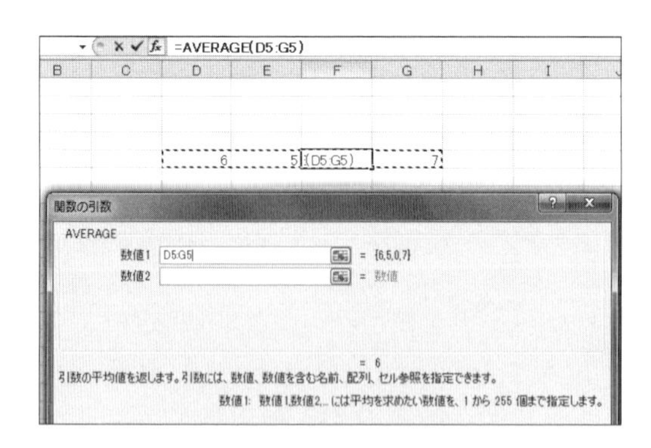

図 2-4　循環計算の例

そこで，循環計算を行わせるため，Excel の「ファイル」から「オプション」に進みます．次に，**図 2-5** に示すように「数式」の「反復計算を行う」にチェックマークを入れ，「OK」ボタンをクリックします．この結果，シートではセル F1 を加えた 4 つのセル値の平均が得られます．この例では，セルに 5.99967.... と表示されますが，これは数値計算の結果であるため，実質的に 6 となります．

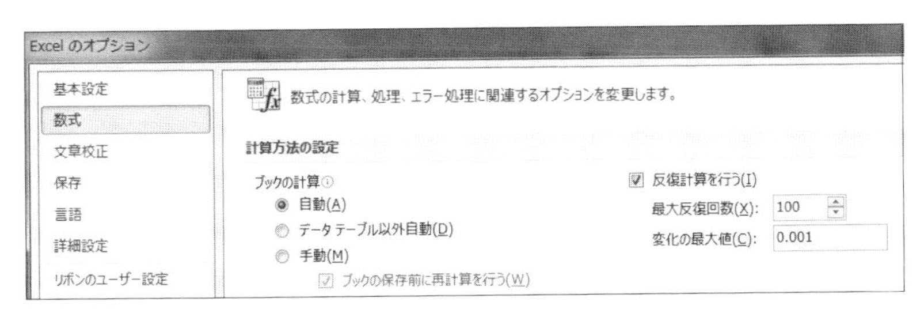

図 2-5　反復計算の設定

2.2　VBA プログラミングの基礎

Excel の VBA というプログラミング機能を用いると，簡単な操作で非常に迅速な計算が行えます．VBA を使った計算の基本は，どのように数値データを入力して演算を行い，最後にその結果をどのように出力するかです．VBA の一般的な作成方法は専門書に譲り，ここでは本書に必要な VBA を使ったプログラミングの基礎を解説します．

1. Start ボタンを作って操作する
   作成した VBA の開始方法には，マクロ機能を使ったものとコマンドボタンの 2 種類あります．コマンドボタンを使う方法は，ボタンを Excel シート上に直接置くことができ，ボタンを押すだけで操作が始まるため，非常に便利です．さらにコマンドボタンは，後述するように，質問形式の入力用ボード (ユーザーフォーム) につなげることもできます．そこで，本書ではコマンドボタンを使った作成方法を中心に説明します．
   コマンドボタンを作成するには，**図 2-6** のように「開発」のタブにある「挿入」をクリックし，プルダウンメニューにある「ActiveX コントロール」の中から「コマンドボタン」アイコンをクリックします．

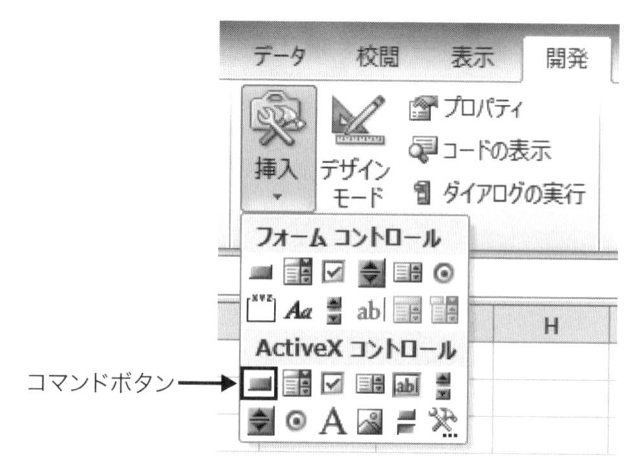

図 2-6　ActiveX コントロール

クロスの記号が現れるので，Excel シート上で適当な大きさの長方形をドラッグして描きます．すると，**図 2-7** のような CommandButton1 という名前のボタンが作られます．

図 2-7　コマンドボタン

次に，このコマンドボタンの体裁を整え，機能を示すコード（プログラム）を作ります．ボタンの体裁とは，名前，大きさ，文字の大きさ，色，フォントなどを指します．それを自分が使いやすいように指定するためには，このボタンを左クリックして指定した後，右クリックし，**図 2-8** のようなメニューの中から「プロパティ」を選びます．または，開発タブにある「プロパティ」をクリックします．

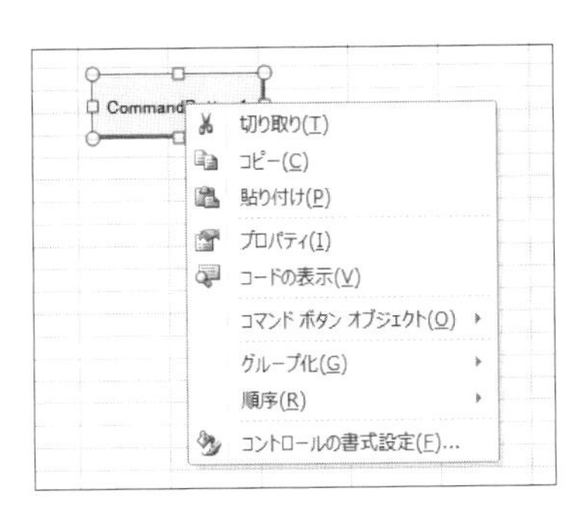

図 2-8 「プロパティ」の選択

図 2-9 のようなプロパティの画面が現れます．コマンドボタンの名前は，「Caption」の項に入力します．ここでは Start とします．さらに，コマンドボタンの文字のフォントは「Font」，色は「ForeColor」，ボタンの背景色は「BackColor」の欄で指定します．実際の色彩は「パレット」の中から選び，プロパティ内のその他の変更も必要に応じて行います．最後に，プロパティの右上のボタンを押して終了します．

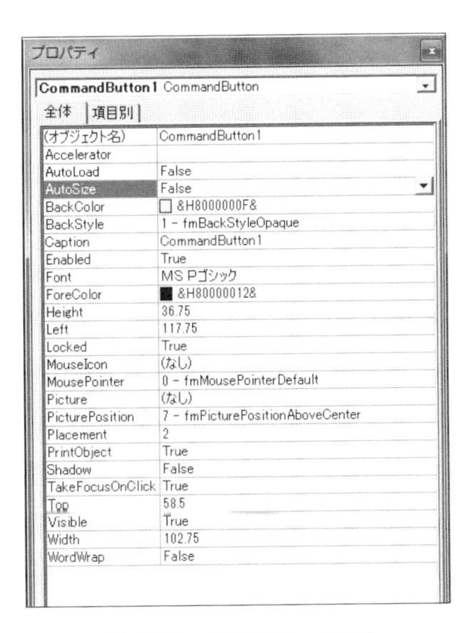

図 2-9 プロパティ画面

コマンドボタン名を Start に変更した例を**図 2-10** に示します．ここで，開発タブの「デザインモード」が図 2-10 のようにオレンジ色でアクティブ状態になっていることに注意します．次にこのボタンのコードを書き込む際も，デザインモードはアクティブです．実際にボタンを押して VBA 操作をする時は，デザインモードをオフにする必要があります．

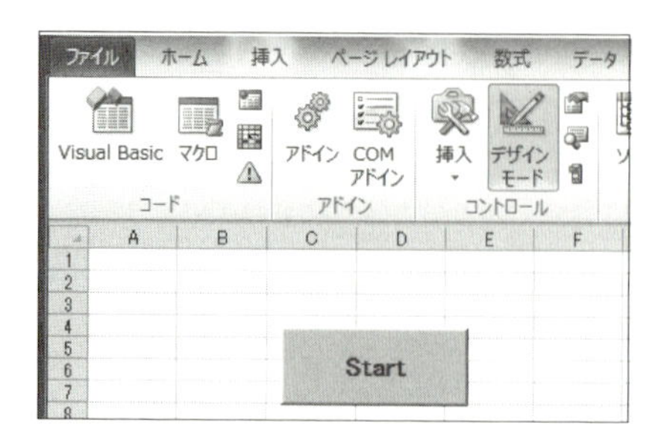

図 2-10　Start ボタン

次に，このボタンにプログラムを入力します．そのためには「デザインモード」が上記のようにアクティブになっていることを確かめた上で，ボタンを左クリックして指定した後，右クリックします．現れたメニューの中から「コードの表示」を選ぶと，**図 2-11** のような画面が現れます．

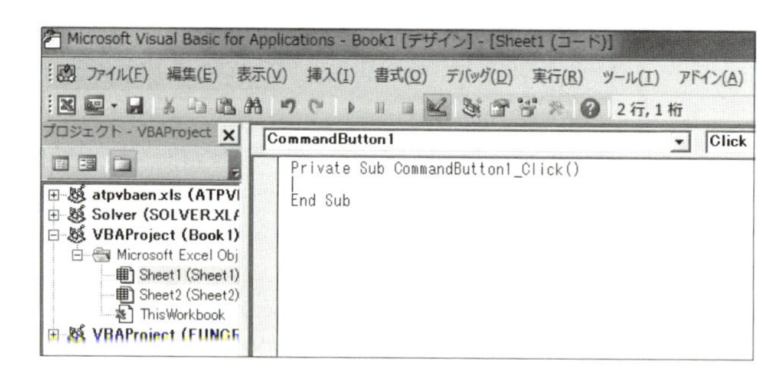

図 2-11　モジュール用画面

この画面中央部は，Visual Basic Editor（VBE）のモジュール用画面で，ここにプログラムを書き入れます．個々のプログラムは「プロシージャー」とよばれ，本書では「Sub プロシージャー」と「Function プロシージャー」を使います．プロシージャーは，互いにプログラムの中で呼び出すことができます．プロシージャーの集まりを「モジュール」とよび，1 つのブックはいくつかのモジュールを含むことができます．したがって，これらの階層は次のように表されます．

プロシージャー ＜ モジュール ＜ ブック

図 2-11 をみると，1 行目の先頭に Private Sub と書かれています．これが Sub プロシージャーのタイトル行です．その下の行にある End Sub がプロシージャーの最終行を示します．この間にプログラム（コード）を書き込みます．

ここでは基礎となる非常に簡単な例として，Excel シート上の 2 つのセルに数値を代入し，その和を求めるプログラムを考えてみましょう．そのために**図 2-12** に示すように，Excel シート上の 2 つのセル（A3 と B3）にそれぞれ数値を代入し，その答え（和 Sum）をセル B6 に表すようにシート上で準備をします．

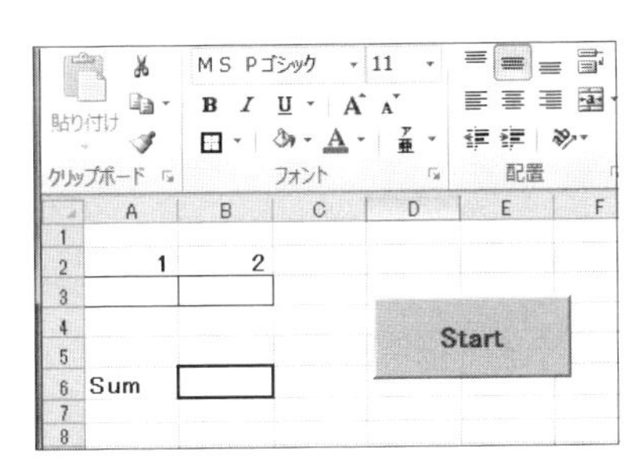

図 2-12 「和を求める」（Excel シート）

次に，前述した方法で図 2-11 のモジュール画面を呼び出し，ここで使う変数の適用範囲を指定します．指定しなくても VBA 操作はできますが，変数に余分なメモリーを使うことになります．この例の変数は，入力用の 2 個と出力用の 1 個の計 3 個です．これらを a1，a2 および b と置き，すべて倍精度 Double に指定する場合，**プログラム 2-1** の 2〜4 行目のように入力します．

プログラム 2-1　「和を求める」プログラム Ex2-1

```
Private Sub CommandButton1_Click()
    Dim a1 As Double
    Dim a2 As Double
    Dim b As Double

    a1 = Cells(3, 1).Value
    a2 = Cells(3, 2).Value

   b = a1 + a2

   Cells(6, 2).Value = b

   Cells(1, 1).Select

End Sub
```

次に 2 つのセルから入力値を取り込みます．プログラム 2-1 では，5〜6 行目でセル (3,1) と (3,2) の値を取り込み，それぞれ a1 と a2 とする，と指定しています．プログラムで等号“=”は右辺の内容を左辺とする，という意味です．VBA では，セルの番地は横方向の行番号と縦方法の列番号で表したほうがプログラミングしやすい場合が多く，たとえばセル A3 と B3 はセル (3,1) と (3,2) となります．ただし，番地として A3 を使う場合は，range というプロパティ[*1]を使い，range("A3") とします．

通常，Excel シートは列がアルファベットで表されているため，cells プロパティを使ってセル番地を特定する場合，アルファベットを数値に置き換えるのは大変です．そこで，列も番号で表示させるように設定を変更します．「ファイル」タブで「オプション」をクリックし，「数式」を選びます．**図 2-13** のように，「数式の処理」の「R1C1 参照形式を使用する」にチェックを入れ，OK を押します．これで，Excel シートの列は数値に変わり，数値だけでセル番地を呼び出せるようになります．ただし，この場合，セル番地は Row（行），Column（列）の順になるので，注意が必要です．

[*1] ここでのプロパティとは，VBA においてセル，シートのように操作対象（オブジェクト）の持つ特徴を表すものです．

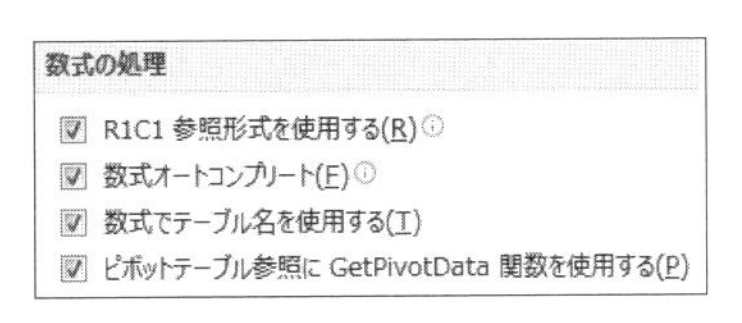

図 2-13 「セル番地を数値で表す」

次に計算式を代入します（プログラム 2-1 の 7 行目）．「a1 と a2 の各値の和を b に入れる」とします．最後に，この計算結果を持った変数 b を指定したセル (6,2) に出力します（8 行目）．これで計算は終了ですが，ボタンが押されたままの表示になるので，それを避けるため select を使ってセル (1,1) を選択する操作を加えると，終了したことが明瞭となります．

プロシージャーが完成し，実際にボタンを操作する時は，デザインモードがアクティブでないことを確認します．シートのセル A3 と B3 に適当な数値を入れ，Start ボタンを押して操作させると計算結果が**図 2-14** のようにセル B6 に示されます．

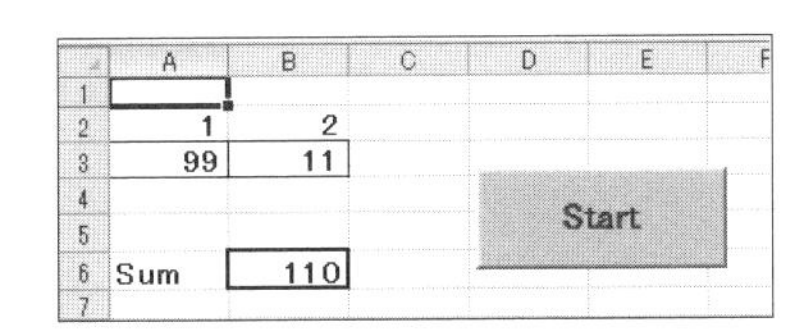

図 2-14 「和を求める」プログラムの操作結果

2. Function プロシージャーを使う

VBA には，Function というプロシージャーもあります．これを使って同じ計算をさせるには，**プログラム 2-2** のように書くことができます．すなわち，s という関数を引数 a1 と a2 を使って定義します（10～12 行目）．ここで，引数とは操作上の変数のことです．プログラム 2-2 のように，プログラムの上では Function と End Function の間に必要な関数を定義します．ただし，Function プロシージャーでは使用する引数（ここでは a1 と a2）を先頭行で示す必要があります．Function プロシージャーで得られた計算結果は，元のプロシージャーに戻ります．その答えはここではプログラム 2-1 と同様に，セル (6,2) に表されます．

プログラム 2-2　Function プロシージャーを使ったプログラム Ex2-2

```
Private Sub CommandButton1_Click()
    Dim a1 As Double
    Dim a2 As Double

   Cells(6, 2).Value = 0

    a1 = Cells(3, 1).Value
    a2 = Cells(3, 2).Value

   Cells(6, 2).Value = s(a1, a2)

   Cells(1, 1).Select

End Sub

Function s(a1, a2)
    s = a1 + a2
End Function
```

このように，VBA を用いるとオーダーメイドでさまざまな計算操作が可能です．なお，プログラムの内容を変更，修正する場合は，最初に示したように，「開発」タブで「デザインモード」をアクティブにした後，コマンドボタンを右クリックし，最後に「コードの表示」をクリックします．

プログラムを作成あるいは修正後，操作を開始するとエラーメッセージが現れて操作が中止されることがあります．その場合は，そのエラーメッセージに従ってプログラムの修正が必要となります．修正するためには，リセットボタンを押し，修正が完成したら，再度実行します．そして，問題が解決するまで，この操作を繰り返します．

2.3　ユーザーフォームの作成（Ex2-3）

Excel は「ユーザーフォーム」機能もあります．ユーザーフォームとは，ユーザーが解析の各種条件を入力するためのボードで，入力条件を変えて反復して使う場合に大いに操作が簡単になります．

ここでは，Excel シートのあるセルに数値を入力するためのユーザーフォームを作る例を示します．**図 2-15** のように，Start ボタンを押して，シート上の No. 1 と No. 2 に対応するセルにユーザーフォームを使ってそれぞれ数値を入れる例を考えましょう．

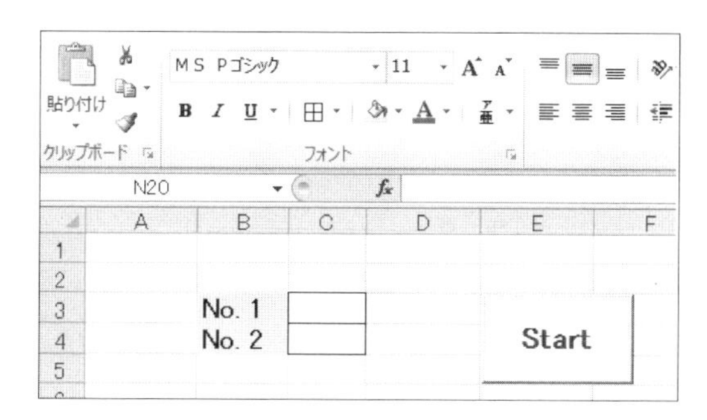

図 2-15 「数値を入力する」

セル B3 と B4 にタイトルを入れ，セル C3 と C4 に数値代入用のセルを作ります．次いで，前述した方法と同様に「開発」タブの「挿入」から Start ボタンを作成します．文字の大きさ，色などはラベルのプロパティを使って調整します．

次にデザインモードをアクティブにした後，この Start ボタンを左クリックしてアクティブにします．次に右クリックして「コードの表示」を選びます．VBA 画面が開くので，**図 2-16** のように「挿入」から「ユーザーフォーム」を選びます．するとユーザーフォーム UserForm1 とツールボックスが現れます．

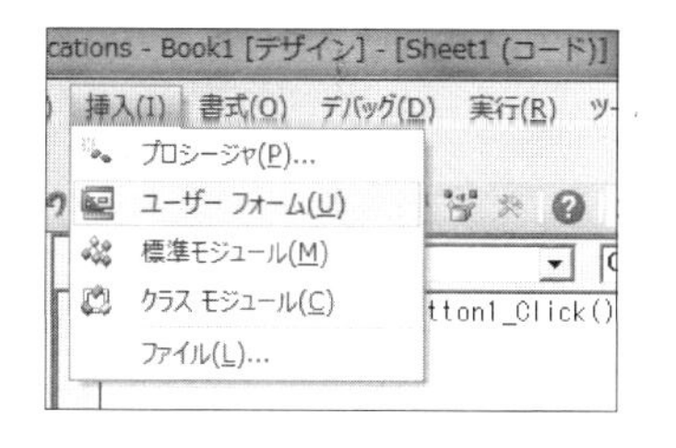

図 2-16　ユーザーフォームの選択

このユーザーフォームに入力させたい項目を入れます．この例では，**図 2-17** に示すように，ツールボックスから「テキストボックス」をクリックして，ユーザーフォーム上に「窓」を２つ作ります．同じものを複数作る時は，最初に作ったものをコントロールキー Ctrl を押してコピーし，そのままドラッグして貼り付けます．次に，ツールボックス上の「コマンドボタン」を使って数値を入力した後の OK ボタンを作ります．OK ボタンへの文字の入力，その大きさ，色などの体裁は前述したように右クリックでプロパティを呼び出し，整えます．

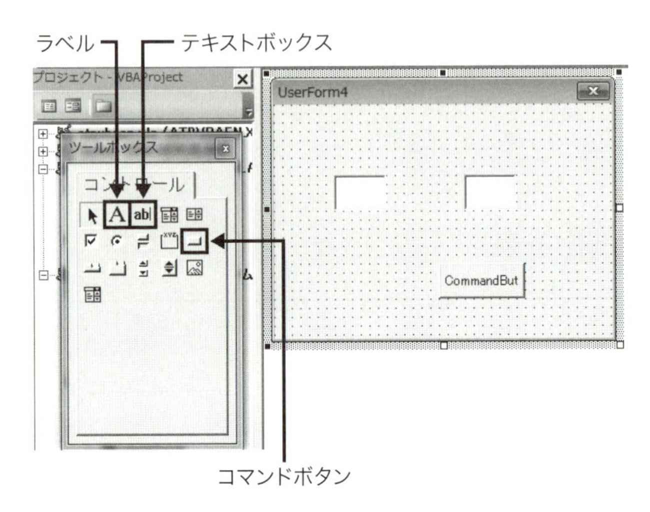

図 2-17　テキストボックスとコマンドボタンの設定

次に，各テキストボックスのラベルを作ります．ツールボックスの「ラベル」をクリックし，ユーザーフォーム上に先ほど作成したテキストボックスの上に配置し，大きさを調整します．そして，プロパティを使ってタイトルを作成します．ここでは「No. 1」としました．文字の体裁はラベルのプロパティを使って調整します．ラベルが完成したら，上述したようにコピーし，近くで貼り付けます．タイトルをラベルのプロパティを使って「No. 2」に変更します（**図 2-18**）．

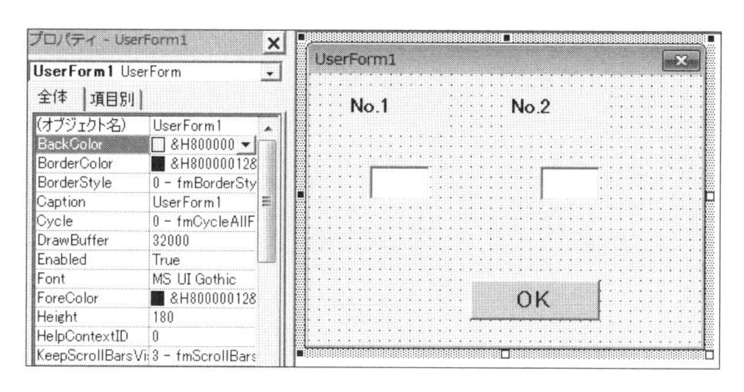

図 2-18　ユーザーフォームの完成画面

これまで作成した各種の「入れ物」のプログラミングを行い，それぞれをつなぎます．まず，Excel シートに戻り，Start ボタン（図 2-15）を押してアクティブにした後，「デザインモード」がアクティブになっているのを確認します．右クリックして「コードの表示」を開いて**プログラム 2-3** のコードを入力します．これは作成したユーザーフォームを開く操作を意味します．

プログラム 2-3　コマンドボタンのコード

```
Private Sub CommandButton1_Click()
    UserForm1.Show
End Sub
```

次に，ユーザーフォーム上のテキストボックスおよびコマンドボタンにプログラミングを行います．「開発」タブの「Visual Basic」を押して VBA 画面に戻り，画面左上のプロジェクトエクスプローラで UserForm1 をクリックし，ユーザーフォームを呼び出します．次に No. 1 のテキストボックスを右クリックし，画面左側のプロパティ中のオブジェクト名を number1 に変えます（**図 2-19**）．これは No. 1 に対する変数となります．同様に，No. 2 のテキストボックスをクリックし，オブジェクト名を number2 に変えます．

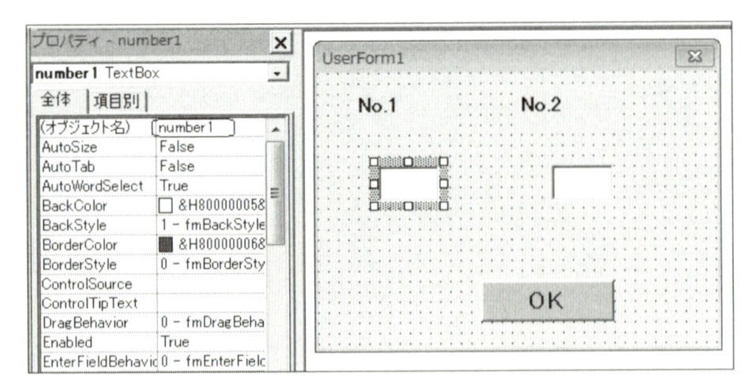

図 2-19　テキストボックスのオブジェクト名

次に，ユーザーフォーム上のコマンドボタンに戻り，これを左クリックした後，右クリックして「コードの表示」を選びます．モジュール画面に**プログラム 2-4** のコードを記述します．ここでは，2 つの入力された数値をそれぞれ a および b とし，それらを Excel シート上の決められたセルに代入します．次に，解答を入れるセル (6,3) に a および b の和を入れます．ただし，ここでは Cells でセルの番地を表しているので，セルの列を番号で表します．最後に各入力用テキストボックスを空にした後，ユーザーフォームを閉じます．

プログラム 2-4　コマンドボタン（ユーザーフォーム上）のコード

```
Private Sub CommandButton1_Click()
    Dim a As Double
    Dim b As Double

    a = number1.Value
    b = number2.Value

    Cells(3, 3).Value = a
    Cells(4, 3).Value = b

    Cells(6, 3).Value = a + b

   number1.Value = ""
   number2.Value = ""

   UserForm1.Hide
   Cells(1, 1).Activate

End Sub
```

以上で準備ができたので，Excel シートに戻り，デザインモードをオフにします．

次に，実際にシート上でStartボタンを押して動作をみます．図2-18のユーザーフォームが現れますから，2つの数値を入力すると，それらがセルC3とC4に，解答（和）がセルC6に表示されます（**図2-20**）．

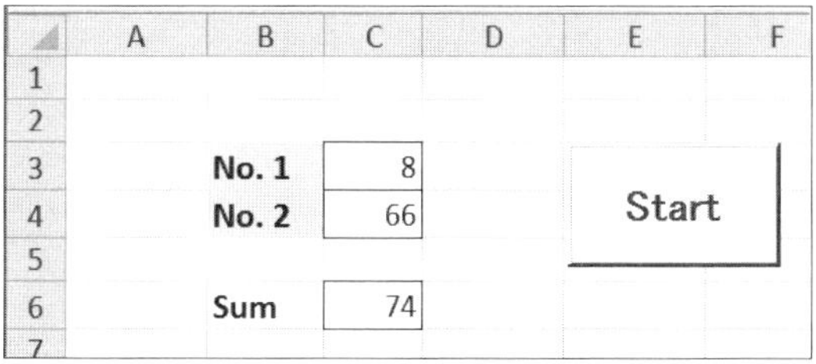

	A	B	C	D	E	F
1						
2						
3		No. 1	8		Start	
4		No. 2	66			
5						
6		Sum	74			
7						

図2-20　ユーザーフォームを使って和を求める

ここまで示したVBAを使ったプログラムはごく基本的なものです．実際には，誤った入力操作に対する対応などさまざまなコードが必要となります．なお，本プログラムは著者によるものです．問題があれば修正あるいは改良をしてください．

2.4　データの並べ替え（Ex2-4）

時間に沿って得られた実測データと推測値とを比較し，両者の差を求めることがしばしば必要となります．実測値は時間的に必ずしも等間隔で得られた数値ではありませんが，推定値は計算値なので一定時間間隔ごとに値が得られます．両者を同じ時間ごとに並べ，比べることを考えましょう．

各時間での実測値と推定値を比較する方法はいくつかあると考えられますが，ここでは**図2-21**のように，セル(5,2)で示した一定間隔intvlで第2列に時間が記され，それに対する推測値Estimateが第3列に順に記されています．プログラミング上，ここでは列も数字で表しています（R1C1参照形式）．また，第7列に時間が，第8列に仮想の実測値Measuredが記されています．これを第2列の時間に沿って第4列に並べたいのですが，実測値の数が多いと大変な作業となります．そこで，ExcelのVBAを使ってボタンを押して一瞬で終わらせるのが，ここでの目標です．

R11C5　=IF(RC[-1]="","",(RC[-2]-RC[-1])^2)

	1	2	3	4	5	6	7	8
1								
2							time	Mesured
3							0	3
4	Period	4.5					1	3.7
5	intvl	0.05					2.2	5
6							3	5.8
7							4	6.8
8								
9		time	Estimate	Mesured	dif	RMSE		
10		0	3			0		
11		0.05	3.05					
12		0.1	3.1					
13		0.15	3.15					
14		0.2	3.2					
15		0.25	3.25					
16		0.3	3.3					
17		0.35	3.35					
18		0.4	3.4					
19		0.45	3.45					
20		0.5	3.5					

図 2-21　時間に沿った実測値と推定値

なお，実測値と推定値を比較するため，図 2-21 では第 5 列 dif に両者の差を 2 乗させる式が入れてあります．しかし，ここではまだ実測値が入っていないので，セル (11,5) で示しているように，IF 文を使って第 4 列が空欄の場合は空欄にしています．また，セル (10,6) には第 5 列で求めた誤差の平均値の平方根 RMSE を求めています．

次に，「開発」タブの「挿入」にある「ActiveX コントロール」からコマンドボタン CommandBotton1 を作ります．デザインモードがアクティブの状態で，「プロパティ」を選び，ボタンの名前，文字などを**図 2-22** のように指定します．

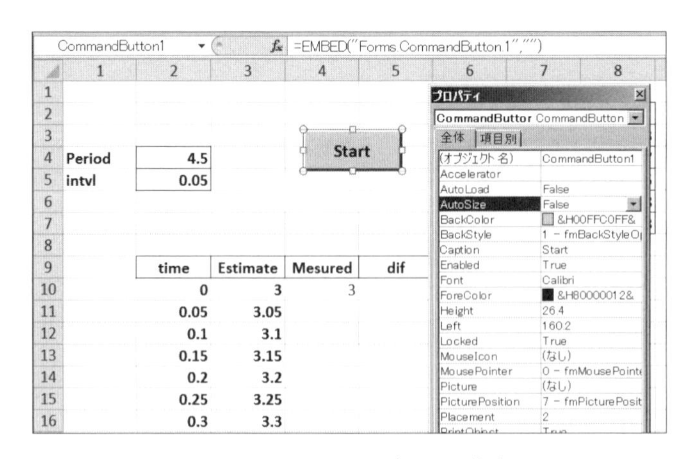

図 2-22　コマンドボタンの作成

このStartボタンをクリックしてアクティブにした後，右クリックしてメニューから「コードの表示」を選び，**プログラム 2-5** を入力します．最初に，使う変数の宣言をした後，対応するセルからインターバルiおよび全期間pを取得します．

プログラム 2-5 データ並べ替えプログラム

```
Private Sub CommandButton1_Click()
     'Paste data
    Dim i As Double: Dim p As Double
    Dim w As Double: Dim t As Integer
    Dim n As Integer: Dim a As Integer
    Dim b As Double: Dim c As Double
    Dim ini As Double

    i = Cells(5, 2) 'interval
    p = Cells(4, 2)  'period
    w = p / i
    Range(Cells(10, 4), Cells(20 + w, 4)).Clear 'clear

    t = 0

    For n = 0 To 10     't = # of samples without the initial
    If Cells(4 + n, 7).Value > 0 Then
    t = t + 1
    Else
    t = t
    End If
    Next n
    'Cells(1, 1).Value = t

    For a = 0 To t
    b = Cells(4 + a, 7).Value      'time
    c = Cells(4 + a, 8).Value      'measured

    Cells(10 + b * (1 / i), 4).Value = c
    Next a

    ini = Cells(3, 8).Value
    Cells(10, 4).Value = ini

    Cells(1, 1).Select

End Sub
```

次に，IF 文を使い，セル (3,7) から下方向に実測した時刻が 0 になるまで（空欄になるまで）カウントを繰り返して，実測値の個数 t を得ます．そして，その個数分だけ，実測値を第 8 列から取り出し，時間間隔ごとに第 4 列に貼り付けます．時間 0 の実測値 ini は操作していなかったので，最後に貼り付けます．

このプログラムを実行すると，一瞬で実測値が第 4 列に配列されます．ここでは，**図 2-23** のように，時刻 time，推定値 Estimate，実測値 Measured の 3 列のデータを使ってグラフを描きました．また，RMSE は 0.21 と計算されました．第 7 列と 8 列の数値を変えて，Start ボタンを押すと，それに応じてグラフ上の点も移動しますので，確かめてください．

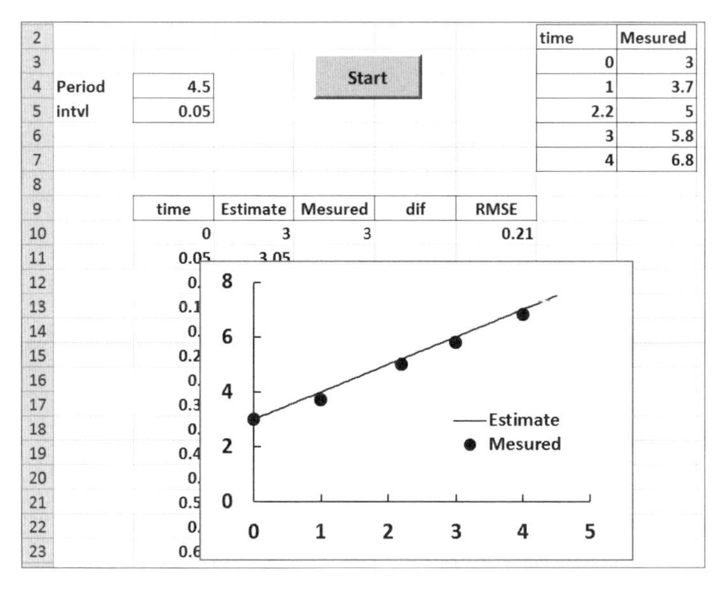

図 2-23　データ並べ替えプログラムの操作結果

2.5 グラフの作成方法（Ex2-5）

測定データと解析データは，最終的に通常グラフとして表されます．これはプレゼンテーションの1つであり，いかに相手にわかりやすく内容を示すかは非常に重要です．そこでここでは，Excel 上の数値データからグラフを作成する方法を示します．グラフのデザイン等は作成者の好みおよびその作成目的によって異なるので，それに応じてアレンジしてください．

Excel シート上に，グラフにする数値データを用意します．微生物数の時間的変化(時系列）を表したデータを扱うことが多いので，データは列方向に配列したほうが操作が容易です．例として，ある生物種の個体数の時間的変化を示した仮想のデータを**図 2-24** に示します．この例では，B 列に時間 week，C 列に対象の実測値（平均値）Msd，D 列にその標準偏差 SD（標準誤差でもよい），F 列に推測値の時間 week，G 列に計算による仮想の推測値 Est が入力されています．このデータから**図 2-25** に示すグラフを作りましょう．Excel では，B 行と F 行のように時間間隔が異なる系列でも同一のグラフ上に表すことができます．

	A	B	C	D	E	F	G
1							
2		week	Msd	SD		week	Est
3		0	16.1	0.45		0	18
4		1	20.2	1		0.5	20
5		2	33.9	3.1		1	22
6		3	30.8	1.5		1.5	24
7		4	38.2	2.6		2	26
8		5	40.1	2.3		2.5	28
9		7	50.5	2.8		3	30
10						3.5	32
11						4	34
12						4.5	36
13						5	38
14						5.5	40
15						6	42
16						6.5	44
17						7	46

図 2-24 ある生物種の個体数データ

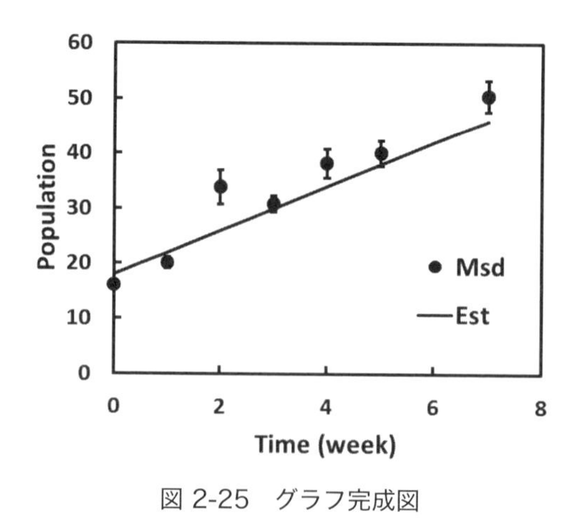

図 2-25　グラフ完成図

次にグラフ作成手順を示します．

1. マウスをドラッグしてシート上のデータを指定します．この時，列タイトルも加えます．同じ時系列で複数の離れた列データを指定する時は，Ctrl キーを押しながらドラッグします．この例ではまず図 2-24 の B 行と C 行の範囲（B2 から C9 まで）を指定します．「挿入」タブをクリックし「グラフ」から使用するグラフの種類を選びます．Excel ではさまざまなグラフを作成できますが，数値データを表すグラフでは通常，「散布図」を用います．散布図の中でここでは「マーカーのみ」がよいでしょう．さらに，「グラフツール」の「デザイン」にある「グラフのレイアウト」で「レイアウト 1」を選ぶと**図 2-26** のようなグラフが描かれます．

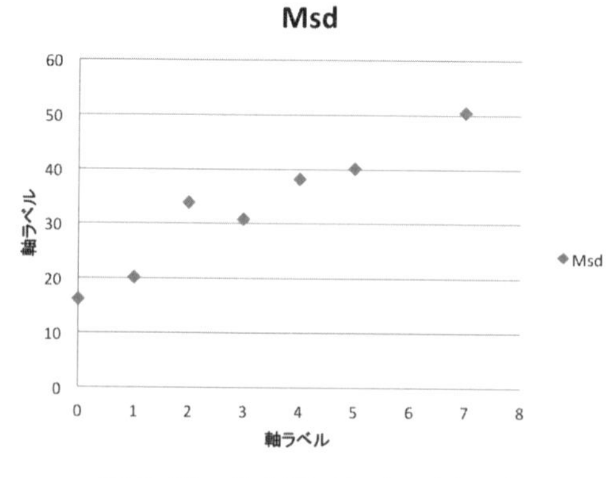

図 2-26　散布図（レイアウト 1）

2. 図 2-24 の推定値（D 行）をグラフに追加します．グラフをクリックし，「グラフツール」から「デザイン」を選び，さらに「データの選択」を選ぶと**図 2-27** のように「データソースの選択」が現れます．ここで，「追加」を押し，「系列名」で図 2-24 のセル G2 を，系列 X でセル範囲 F3 から F17 までを，系列 Y でセル範囲 G3 から G17 までを選択します．「OK」ボタンを押すと**図 2-28** のように 2 本の曲線を同一グラフ上に表すことができます．

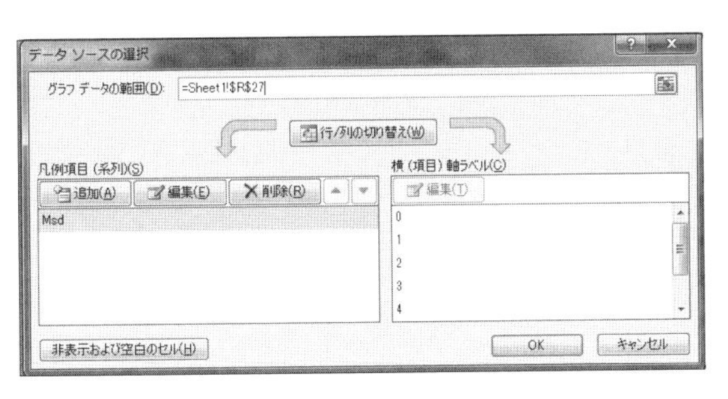

図 2-27　データソースの選択

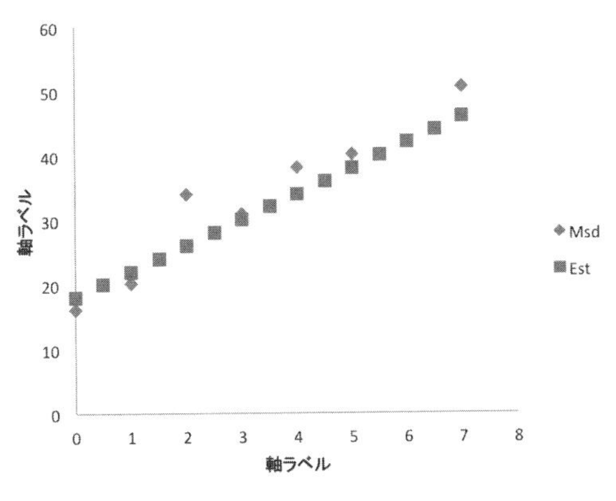

図 2-28　データを追加したグラフ

3. 不要な項目と線を消去し，軸タイトルを入力します．また，文字の字体，大きさなどを必要に応じて変更します．さらに，X 軸を太くし，目盛りを加えます．そのためには軸付近を右クリックし，「軸の書式設定」を選び，最大値，最小値，目盛り間隔などを指定します（**図 2-29**）．目盛りの種類は「内向き」がよいでしょう．Y 軸においても同様な操作をします．

軸の書式設定
軸のオプション
表示形式
塗りつぶし
線の色
線のスタイル
影
光彩とぼかし
3-D 書式
配置
軸のオプション
最小値: 自動(A) 固定(F) 0.0
最大値: 自動(U) 固定(I) 8.0
目盛間隔: 自動(T) 固定(X) 2.0
補助目盛間隔: 自動(O) 固定(E) 0.4
軸を反転する(V)
対数目盛を表示する(L) 基数(B): 10
表示単位(U): なし
表示単位のラベルをグラフに表示する(S)
目盛の種類(J): なし
補助目盛の種類(I): なし
軸ラベル(A): 軸の下/左
縦軸との交点:
自動(O)
軸の値(E): 0.0
軸の最大値(M)
閉じる

図 2-29　軸の書式設定

また，推定値の曲線からマーカーを削除します．そのためにはその曲線を右クリックし，「データ系列の書式設定」を出し，さらに「マーカーのオプション」でマーカーを削除します．また，推定値による直線の体裁も「線の色」，「線のスタイル」を使って整えます．「凡例項目」も必要に合わせて変更します．そのほか，必要に応じて体裁を変えると，次の図のように表されます（**図 2-30**）．

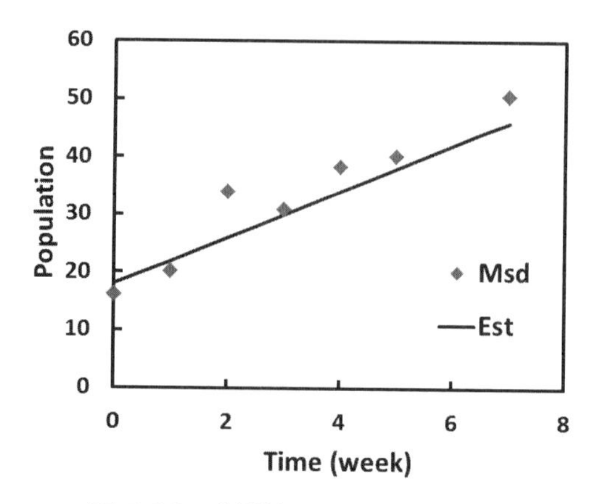

図 2-30　実測値 Msd と推定値 Est

4. 最後に，実測値に標準偏差を表します．そのためにはグラフをクリックした後，「グラフツール」を選び，「レイアウト」から「誤差範囲」に進みます．次に**図 2-31** のようにそのタブの中で一番下の「その他の誤差範囲オプション」を選びます．

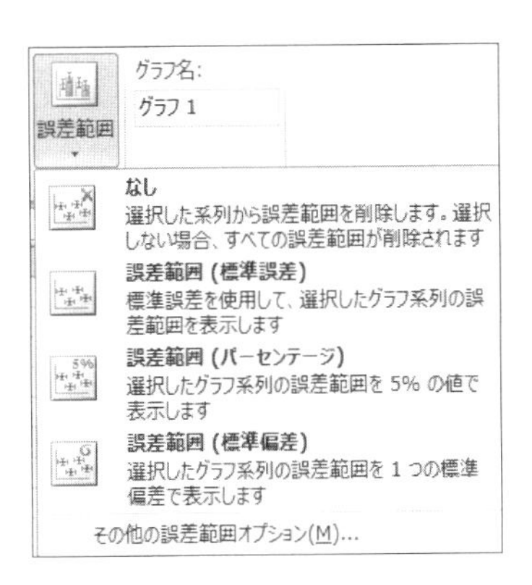

図 2-31　誤差範囲

次に，誤差範囲を示すデータ列（ここでは Msd）を指定すると，次の図のような設定画面が現れます．ここで，方向，キャップについて指定した後，誤差範囲をユーザー設定にします（**図 2-32**）．

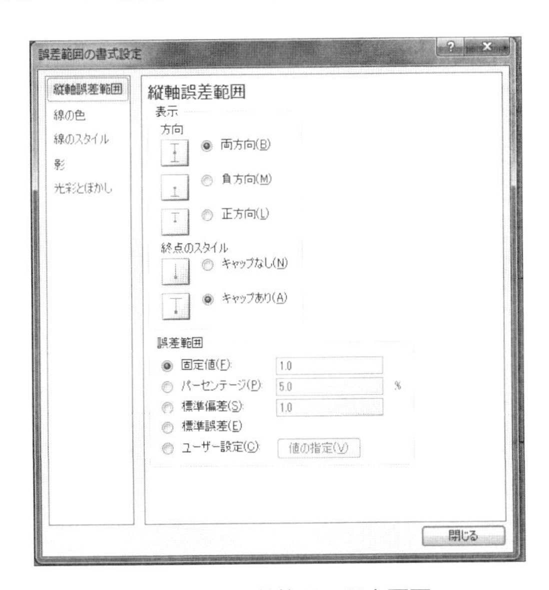

図 2-32　誤差範囲の設定画面

ユーザー設定で図のように誤差範囲をセルで指定します．この例ではデータ（図 2-24）の標準偏差（セル範囲 D3：D9）を下の図のように正負の両方向に指定します（**図 2-33**）．

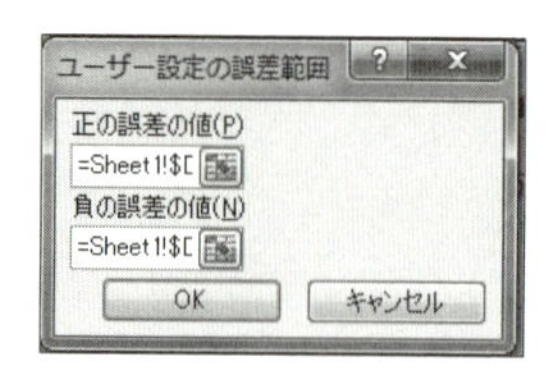

図 2-33　ユーザー設定の誤差範囲

誤差範囲の線の太さ，色などは図 2-32 の設定で指定します．もし不要な誤差が表示された場合は，「グラフツール」のタブで「レイアウト」または「書式」を選び，「ファイル」の下にある「グラフエリア」のタブを押します（**図 2-34**）．その項目の中から該当するものを選び，キーボードの Delete キーを押して消去します．その後，再度設定し，必要があれば，その他の体裁を調整します．こうして図 2-25 を描くことができます．

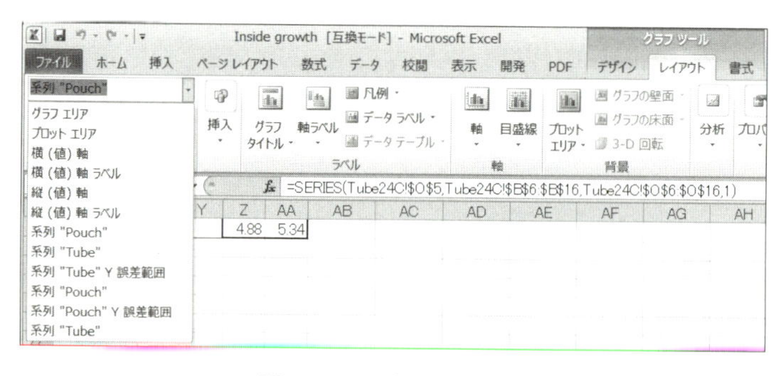

図 2-34　グラフエリア

第3章 基礎となる数学とモデル評価

微生物の挙動は時間に対する菌数の変化であるため，原則的に数式，特に微分方程式で表されると理解すると，解析しやすくなります．微生物挙動を解析，予測するための数学は，数理系で用いる数学と本質的な差はありません．しかし，本書では単なる数学モデルによるシミュレーションではなく，実際の微生物挙動をどのように表し，さらに予測するかを目標とします．

そのためには数式で書かれた数学モデルを解く必要がありますが，複雑でそのままでは解けないモデルもあります．高校数学でもいくつかの基本的関数について関数の微分，積分を学習しました．しかし，少し複雑な関数になると，その解析的な解を得るのが非常に難しくなるか，不可能となります．そこで威力を発揮するのが，数値計算です．数値計算は，複雑な数式を加減乗除の四則演算で解きます．この章では，本書で必要な基礎的な数学と，それを解くための数値計算について解説します．ここで必要な数学は高校で学んだ数学で十分です．

3.1　基礎事項：精度

数値計算をコンピュータで行う場合，個々の数値はコンピュータ内部では2進法によって処理されます．2進法の各桁を1ビットとよびます．実際に使う数値（実数）には32ビットを使う単精度実数と64ビットを使う倍精度実数がありますが，計算の精度を確保するために通常，倍精度を用います．

また，コンピュータで計算をする時，誤差が生じます．誤差には四捨五入による丸めの誤差，アルゴリズム上生ずる打ち切り誤差があり，これらが計算上で発生する可能性は常にあります．

有効数字はコンピュータ内部の計算でも生じますが，測定値，ここでは微生物数においても考慮する必要があります．試料中の微生物数は通常，試料を添加した寒天平板で発育したコロニー数と試料の希釈倍率から算出されます．1平板あたりに発育するコロニー数が30～300個となる希釈倍率が一般に信頼性が高いとされます．したがって，測定した微生物数の有効数字は2桁（あるいは3桁）と考えられます．本書では微生物数データを基に数値計算しますが，途中の計算結果は，できるだけその値のまま次の計算に用いたほうがよいでしょう．たとえば寒天平板で実測した細菌数が59個の場合，測定値が2桁だからといって，解析途中で得られた数値を有効数字2

桁の数値に丸めないほうが結果的に高い精度が得られます．

3.2　積分の数値解法

変数 t で表される連続した関数 $f(t)$ が不定積分 $F(t)$ を持つ場合，その不定積分は次の式で表すことができます（**式 3-1**）．

$$F(t) = \int f(t)dt \tag{式 3-1}$$

また，変数 t が a から b まで変化する間の定積分は**式 3-2** で表すことができます．

$$F(b) - F(a) = \int_a^b f(t)dt \tag{式 3-2}$$

定積分のイメージとしては**図 3-1** のような図が描け，高校数学で習ったように式 3-2 の値は 3 つの直線区間と曲線 $f(t)$ で囲まれた面積に相当します．

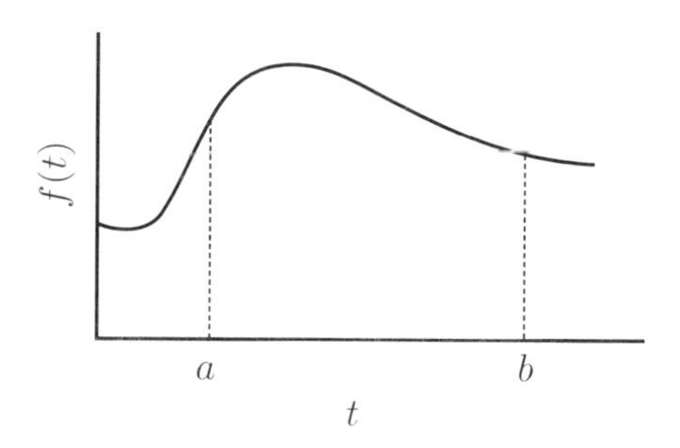

図 3-1　定積分の概念図

しかし，複雑な関数の不定積分 $F(t)$ は，数学的（解析的）に求められないことがあります．不定積分が得られなければ，定積分も計算できません．それでも定積分の値が必要な場合は，式 3-2 の右辺を数値的解法によって高い精度で計算できれば，実質的に問題ないと考えられます．このような定積分するために，数値積分法を使用します．

数値積分法にはいくつかの手法がありますが，ここでは代表的な「台形則」と「シンプソン則」を解説します．

3.2.1　台形則

台形則は，定積分する部分をいくつかの台形の面積の和として近似する方法です（**図 3-2**）．

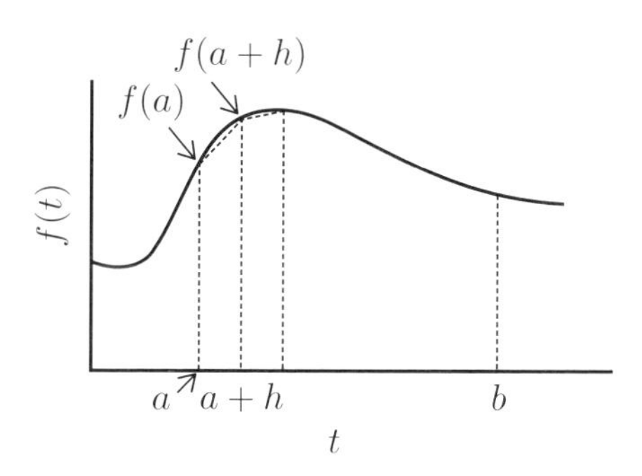

図 3-2 台形則の概念図

各台形の高さ（グラフ上での横幅）は一定とします．ここでは区間 $[a, b]$ を N 等分し，その値を h とします（ただし，N は 2 以上の自然数）．最初の区分の台形は，上底の長さが $f(a)$，下底の長さが $f(a+h)$ となり，高さが h であるので，台形の公式からその面積が求められます．2 番目の台形も，上底が $f(a+h)$，下底が $f(a+2h)$，高さが h であるので，これも面積が計算できます．このようにして，全体の面積の近似値 T が計算できます．これを数式で表すと，次のように表されます（**式 3-3**）．

$$T = \sum_{i=0}^{N-1} \frac{h}{2} \left\{ f(a+ih) + f(a+(i+1)h) \right\} \qquad \text{(式 3-3)}$$

式 3-3 において，各台形の上辺と下辺は最初の台形の上辺と最後の台形の下辺以外，それぞれ 2 回現れるので，T はさらに**式 3-4** のように表されます．

$$T = h \left\{ \frac{f(a)}{2} + f(a+h) + f(a+2h) + \cdots + f(b-h) + \frac{f(b)}{2} \right\} \qquad \text{(式 3-4)}$$

ここで，区間の分割数が多いほど，一般に真の値との誤差も小さくなります．この手法で一般に誤差は，分割数の 2 乗分の 1 にほぼ比例すると考えられます．ただし，分割数を非常に多くすると計算量も増え，各演算での四捨五入による丸めの誤差も累積していくことに注意が必要です．

ここで，台形則による簡単な計算例を示します．次の積分を台形則で求めます（**式 3-5**）．

$$A = \int_0^2 x^2 dx \qquad \text{(式 3-5)}$$

この解析解は以下のように簡単に得られます（**式 3-6**）．

$$A = \left[\frac{x^3}{3}\right]_0^2 = \frac{2^3}{3} = \frac{8}{3} = 2.666\cdots \qquad \text{(式 3-6)}$$

ここでは，区間 $[0, 2]$ を 0.01 ずつ 200 等分した台形則の例を**図 3-3** で示します．図の A 列では独立変数 t の各値を示し，B 列ではその値を使ってここでは 2 乗した値を計算します．C 列では式 3-4 に従い，それらを積算します．最初の $t = 0$ の項と最後の $t = 2$ の項のみは 1/2 倍にして総和を求め，最後に時間間隔 h を乗じます．その結果を Trapz としてセル E3 に示します．なお，図 3-3 に示すように，解析解 Analyt のセル E2 の値と比べると，表示した桁数で両者は一致し，数値解は非常に良い値を示すことがわかります．

	A	B	C	D	E
1	台形則	Trapezoidal rule			
2	$A = \int_0^2 t^2 dt$			Analyt	2.6667
3				Trapz	2.6667
4					
5		delta t=	0.01		
6	t	f(t)	F		
7	0	0	0		
8	0.01	0.0001	0.0001		
9	0.02	0.0004	0.0004		
10	0.03	0.0009	0.0009		
11	0.04	0.0016	0.0016		
12	0.05	0.0025	0.0025		
13	0.06	0.0036	0.0036		

図 3-3　台形則による数値積分 Ex3-1

3.2.2　シンプソン則

シンプソン則は，分割したある区間の $f(t)$ を 2 次関数 $P(t)$ で近似して表して積分し，それらの総和を求める手法です．ただし，分割数は偶数でなければなりません．**図 3-4** に示すように，区間 $[t_i, t_{i+2}]$ の 3 点を通る 2 次関数を考えます．ここでは $P(t)$ を点線で表しました．

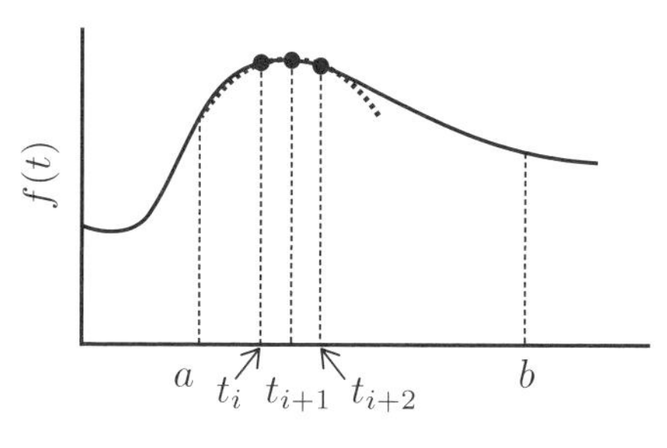

図 3-4　シンプソン則

この区間の $P(t)$ に関する積分は，次のような 3 つの項の和として表されます（**式 3-7**）．途中の計算は割愛します．

$$\int_{t_i}^{t_{i+2}} P(x)dx = \frac{h}{3}\left\{f(t_i) + 4f(t_{i+1}) + f(t_{i+2})\right\} \qquad \text{(式 3-7)}$$

したがって，各区間の積分値の総和 S は，次の式で表されます（**式 3-8**）．ここで区間 $[a, b]$ は N 等分し，$[t_0, t_1, t_2, \cdots, t_N]$ と表しました．

$$S = \sum_{i=0}^{N-2} \frac{h}{3}\left\{f(a+t_i) + 4f(a+t_{i+1}) + f(a+t_{i+2})\right\} \qquad \text{(式 3-8)}$$

ここで，各区分において共有する $f(t_i)$ は $f(t_2)$，$f(t_4)$ のように 2 回計算に使われるので，S は**式 3-9** のように表されます．

$$S = \frac{h}{3}\left\{f(t_0) + 4f(t_1) + 2f(t_2) + 4f(t_3) + 2f(t_4) + \cdots \right.$$
$$\left. + 2f(t_{N-2}) + 4f(t_{N-1}) + f(t_N)\right\} \qquad \text{(式 3-9)}$$

シンプソン則においても，区間の分割数を増すほど，真の値との誤差は小さくなります．この手法で，一般に誤差は分割数の 4 乗分の 1 にほぼ比例するとされますが，同じ分割数であればシンプソン則のほうが台形則よりも常に誤差が小さいとは必ずしもいえません．

先ほどの積分式3-5をシンプソン則を使って解いてみましょう．ここでは区間$[0,2]$を20等分としましょう．台形則の1/10の分割数ですが，**図3-5**のように，解析解と比較して非常に近い値を与えます．なお，計算は台形則と同様にA列にtを置き，B列で2乗の計算をします．C列ではB列の値にそれぞれ係数を乗じ，セルD27でそれらを総計し，時間間隔hを乗じ，3で割ります．なお，この分割数で先ほどの台形則を適用すると，2.67という結果になり，シンプソン則よりもやや精度は下がります．

	A	B	C	D	E
1	シンプソン則		Simpson's rule		
2	$A=\int_0^2 t^2 dt$			Analyt	2.666667
3				Simpson	2.666667
4					
5		delta t=	0.1		
6	t	f(t)	F		
7	0	0	0		
8	0.1	0.01	0.04		
9	0.2	0.04	0.08		
10	0.3	0.09	0.36		
11	0.4	0.16	0.32		
12	0.5	0.25	1		
13	0.6	0.36	0.72		
14	0.7	0.49	1.96		
15	0.8	0.64	1.28		
16	0.9	0.81	3.24		
17	1	1	2		
18	1.1	1.21	4.84		
19	1.2	1.44	2.88		
20	1.3	1.69	6.76		
21	1.4	1.96	3.92		
22	1.5	2.25	9		
23	1.6	2.56	5.12		
24	1.7	2.89	11.56		
25	1.8	3.24	6.48		
26	1.9	3.61	14.44		
27	2	4	4	2.666667	

図3-5　シンプソン則による数値積分　Ex3-2

3.3　微分の数値解法

3.3.1　常微分方程式

時間 t に関する連続関数 $y(t)$ を考え，その微分方程式が次のように表されるとします（**式 3-10**）．

$$\frac{dy}{dt} = y' = 2ty - 2 \qquad \text{(式 3-10)}$$

ここで独立変数は t，従属変数は y です[*1]．このように，独立変数が 1 つだけのものを常微分方程式とよびます．独立変数が複数個ある場合を偏微分方程式とよび，これについては後述します．

微分方程式を解く場合，たとえ数学的（解析的）に得られた解の数式が得られても，ある時点での解の値が決まらなければ 1 つの解は得られません．そこで，ある時点，通常は時間 $t = 0$ での従属変数の値，初期値が必要となります．得られた解に初期値を代入すると，解の中のパラメーター値も一般に定まり，各時間での y の値を特定できます．このように，常微分方程式を初期値の下で解く問題を初期値問題とよびます．

また，y_1 および y_2 が次の式のようにそれぞれ t の関数である場合，これらを連立（1 階）常微分方程式といいます（**式 3-11**）．

$$\begin{aligned} y_1' &= f_1(t, y_1, y_2) \\ y_2' &= f_2(t, y_1, y_2) \end{aligned} \qquad \text{(式 3-11)}$$

もしこの連立方程式で初期条件が次のようにわかっていれば，初期値問題を解くことになります．ここで a_1，a_2 は定数です（**式 3-12**）．

$$\begin{aligned} y_1(0) &= a_1 \\ y_2(0) &= a_2 \end{aligned} \qquad \text{(式 3-12)}$$

さらに関数 $y(t)$ が 2 階以上の t で微分した導関数で表される方程式もあります．たとえば次のような関数 $y(t)$ を考えましょう（**式 3-13**）．

$$y'' = 2y' - y \qquad \text{(式 3-13)}$$

この式は導関数の最高階数が 2 階なので，2 階常微分方程式とよびます．もし初期条件が次のようにわかっていれば，これも初期値問題になります（**式 3-14**）．ここで

[*1] 独立変数とは何かを測定する場合の条件（入力）となる変数で，たとえば時間などがあります．従属変数とは測定の結果（出力）にあたる変数であり，たとえば歩いた距離，試料中の菌数などが該当します．

a_3，a_4 は定数です．

$$y'(0) = a_3$$
$$y(0) = a_4 \quad \text{(式 3-14)}$$

一方，ある変数 t に関して連続した関数 $f(t)$ において，微分とは変化率の極限を示します．ですから，$t = a$ における関数 $f(t)$ の微分は次の式で表されます（**式 3-15**）．これを $t = a$ における $f(x)$ の微分係数といいます．

$$f'(a) = \lim_{h \to 0} \frac{f(a+h) - f(a)}{h} \quad \text{(式 3-15)}$$

上記の微分係数を求める場合，通常はその関数を独立変数 t に関して微分した後，t に $t = a$ を代入して求める方法が常道です．しかし，簡単に微分できない複雑な関数もあります．そのような関数では，数値計算によって簡単に近似値が得られます．

たとえば，$t = 5$ においてある関数 $f(x)$ を微分する場合は，上の式 3-15 から $t = 5$ と $t = 5.0001$ における $f(t)$ を計算し，その差を $h = 5.0001 - 5\ (= 0.0001)$ で割れば，近似的な微分の値が得られます（**式 3-16**）．

$$\frac{f(5.0001) - f(5)}{5.0001 - 5} \quad \text{(式 3-16)}$$

h の値をもっと 0 に近づければ，さらに近い値が得られます．このようにして求める手法を差分近似といいます．この h を限りなく 0 に近づけた極限の値が当然ながら微分係数の定義です（式 3-15）．

複雑な形をして数学的（解析的）に簡単に解けない微分方程式の解法に使われる手法が，次に示す差分方程式を用いた数値的解法です．

従属変数 y が独立変数 t について次のような微分方程式が成り立つとしましょう（**式 3-17**）．

$$\frac{dy}{dt} = f(t, y) \quad \text{(式 3-17)}$$

従属変数 y の独立変数 t に関する微分が，y と t を含んだ関数 f で表されるとします．この時，微分の定義に基づいて，次のように差分を使って表す方程式を差分方程式とよびます（**式 3-18**）．ここで，差分方程式の解を $Y(t)$ で表します．

$$\frac{1}{\Delta t}\left\{Y(t+\Delta t) - Y(t)\right\} = f(t, Y(t)) \quad \text{(式 3-18)}$$

独立変数 t の全区間を $\Delta t\ (> 0)$ ずつ分割すると，上の式は次のように表されます

（**式 3-19**）．ここで $i = 0, 1, 2, 3, \cdots$ です．

$$\frac{1}{\Delta t}\{Y_{i+1} - Y_i\} = f(t_i, Y_i) \qquad \text{（式 3-19）}$$

この式を**式 3-20** のように表すと，関数 Y_i の初期値がわかり，そこから Δt ずつ離れた点での連続関数 $f(t, Y(t))$ の値が計算できれば，関数 Y_i の値が順次得られます．ここで，a は定数です．

$$\begin{aligned} Y_{i+1} &= \Delta t \cdot Y_i + f(t_i, Y_i) \\ Y_{i=0} &= a \end{aligned} \qquad \text{（式 3-20）}$$

このようにして離散した各時点 t での差分方程式を解くことができます．差分方程式において，通常，独立変数は Δt ずつ離散した点（格子点）となります．実際に差分式を Excel で解く場合は，格子点が Excel シートのセルに該当します．$t = 0$ から $t = 1$ までを $\Delta t = 0.01$ で 100 分割した場合，Excel シート上では $t = 0, 0.01, 0.02, \cdots, 1$ までの 101 個の連続したセルを使って計算することになります．

実際に微分方程式を解く場合の数値解法としては，オイラー法，ホイン法，ルンゲークッタ法などがあります．上の差分方程式式 3-20 は最も単純な解法で，オイラー法とよばれます．実際には，精度の点から 4 次のルンゲークッタ法が一般に使われるので，この方法を用いた数値計算を以下に示します．

ここで注意すべき点は，先に説明した台数則などの数値積分法との違いです．数値積分法では対象となる式の中に独立変数は含まれますが，従属変数は含まれません．一方，数値微分法（差分方程式）の場合は，その式の中には両方あるいは片方の変数が含まれます．そのため，独立変数のみの微分方程式は数値積分法でも数値微分法でも解けます．

ルンゲークッタ法の詳細は参考書に譲り，ここでは解法の概要を説明します．差分方程式 Y_i について 4 次のルンゲークッタ法では次のように表されます（**式 3-21**）．

$$\begin{aligned} Y_{i+1} &= Y_i + \frac{\Delta t \cdot (k_1 + 2k_2 + 2k_3 + k_4)}{6} \\ k_1 &= f(t_i, Y_i) \\ k_2 &= f\left(t_i + \frac{\Delta t}{2}, Y_i + \frac{\Delta t}{2} k_1\right) \\ k_3 &= f\left(t_i + \frac{\Delta t}{2}, Y_i + \frac{\Delta t}{2} k_2\right) \\ k_4 &= f\left(t_i + \Delta t, Y_i + \Delta t k_3\right) \end{aligned} \qquad \text{（式 3-21）}$$

ここで $i = 0, 1, 2, 3, \cdots$ です．ステップ i での Y_i と k_1，k_2，k_3，k_4 の値が求められれば，次のステップ $i+1$ での Y の値がこの方法に従って順次求められます．したがって，その初期値 Y_0 が得られていれば，順次 $Y_1, Y_2, Y_3, \cdots$ と数値解が得られます．ただし，本書では数値計算で用いる（離散化した）従属変数を Y のように大文字で表します．

簡単な例について4次のルンゲークッタ法を使っていくつか解いてみましょう．上で述べたようにルンゲークッタ法のような差分法では，その式の中に独立変数のみ，従属変数のみ，あるいは両者が存在する場合があります．それぞれの場合の方法を説明しましょう．

第1は，独立変数のみ存在する場合です．これは上記の数値積分でも解ける場合です．たとえば，次のような独立変数 t に関する微分方程式の初期値問題を4次のルンゲークッタ法で解いてみましょう（**式 3-22**）．

$$\frac{dy}{dt} = t^2$$

$$y(0) = 0 \qquad \text{(式 3-22)}$$

ここで，$t = 2$ での y の値を求めるとします．数値積分で解説したように，この式は簡単に解析解が得られ，$t = 2$ での y の値は $2.666\cdots$ と求められます．

これを4次のルンゲークッタ法で解くと，その計算は次の図のように示されます．ここで，t の間隔は 0.01（セル C4）としたため，$t = 2$ となるためには 200 行の計算が必要となります．8行目に時間0での y の値を入れます．9行目からが実際の計算ですが，この例では式 3-21 のうち従属変数 Y がないので，独立変数 t だけを考慮すればよいわけです．ルンゲークッタの第1ステップ k_1（セル B9）は，式 3-21 に従って，$k_1 = t_i^2$，すなわち $(\mathrm{A8})^2$ となります．第2ステップ k_2（セル C9）では，t の間隔の 1/2 を加えて計算するので，$k_2 = (t_i + \Delta t/2)^2$ となり，**図 3-6** の最上部にある数式バーに表示されているように「=(A8+$C$4/2)^2」となります．ここでは $\Delta t = 0.01$ です．第3ステップ k_3 は，第2ステップと同じ計算となり，$k_3 = (t_i + \Delta t/2)^2$ となります．第4ステップ k_4 は，$k_4 = (t_i + \Delta t)^2$ となります．これらの計算式を各セルに入れていきます．最後のステップで，第1から第4ステップで得られた各値と1つ前の時刻での Y_i の値からこの時刻での Y_{i+1} の値を計算します．この計算を各時間ステップごとに，図 3-6 では各行の下方向に繰り返していきます．

C9 =(A8+$C$4/2)^2

	A	B	C	D	E	F	G	H	I
1	$\frac{dy}{dt} = t^2$								
2									
3								y=x^3/3	2.66667
4		delta t=	0.01		y(0)=	0		Runge-Ku	2.66667
5									
6									
7	t	k1	k2	k3	k4	Y			
8	0					0			
9	0.01	0	3E-05	3E-05	0.0001	3E-07			
10	0.02	0.0001	0.0002	0.0002	0.0004	3E-06			
11	0.03	0.0004	0.0006	0.0006	0.0009	9E-06			
12	0.04	0.0009	0.0012	0.0012	0.0016	2E-05			
13	0.05	0.0016	0.002	0.002	0.0025	4E-05			
14	0.06	0.0025	0.003	0.003	0.0036	7E-05			
15	0.07	0.0036	0.0042	0.0042	0.0049	0.0001			
16	0.08	0.0049	0.0056	0.0056	0.0064	0.0002			
17	0.09	0.0064	0.0072	0.0072	0.0081	0.0002			
18	0.1	0.0081	0.009	0.009	0.01	0.0003			
19	0.11	0.01	0.011	0.011	0.0121	0.0004			
20	0.12	0.0121	0.0132	0.0132	0.0144	0.0006			

図 3-6 ルンゲ−クッタ法による数値計算（独立変数のみ） Ex3-3

この操作を $t=2$ まで同様に行うと，この手法での Y の値は図 3-6 の I 行にみられるようにおよそ 2.66667 となり，解析解と比べて非常に高い精度であることがわかります．この例はすでに数値積分で示した例（図 3-3 および図 3-5）と同じ式であり，計算結果も同じです．

第 2 は，従属変数のみの場合です．たとえば，次のような独立変数 t に関する微分方程式の初期値問題を 4 次のルンゲ−クッタ法で解いてみましょう（**式 3-23**）．$t=0$ の時，$y=1$（初期値）です．

$$\frac{dy}{dt} = -y$$
$$y_0 = 1 \qquad \text{(式 3-23)}$$

具体的には $t=1$ での y の値を求めるとします．この例で解析解は，指数関数 $y=\exp(-t)$ と簡単に得られ，$t=1$ での値はおよそ 0.36788 です．これをルンゲ−クッタ法で解くと，その計算は**図 3-7** のように示されます．

C9 f_x =-(F8+B9*$C$4/2)

	A	B	C	D	E	F	G	H	I
1	$\frac{dy}{dt} = -y$								
2									
3								exp(-1)	0.36788
4		delta t=	0.01		y(0)=	1		Runge-K	0.36788
5									
6									
7	t	k1	k2	k3	k4	Y	log Y		
8	0					1	0		
9	0.01	-1	-0.995	-0.995	-0.99	0.99005	-0.0043		
10	0.02	-0.99	-0.9851	-0.9851	-0.9802	0.9802	-0.0087		
11	0.03	-0.9802	-0.9753	-0.9753	-0.9704	0.97045	-0.013		
12	0.04	-0.9704	-0.9656	-0.9656	-0.9608	0.96079	-0.0174		
13	0.05	-0.9608	-0.956	-0.956	-0.9512	0.95123	-0.0217		
14	0.06	-0.9512	-0.9465	-0.9465	-0.9418	0.94176	-0.0261		
15	0.07	-0.9418	-0.9371	-0.9371	-0.9324	0.93239	-0.0304		
16	0.08	-0.9324	-0.9277	-0.9278	-0.9231	0.92312	-0.0347		
17	0.09	-0.9231	-0.9185	-0.9185	-0.9139	0.91393	-0.0391		
18	0.1	-0.9139	-0.9094	-0.9094	-0.9048	0.90484	-0.0434		

図 3-7 ルンゲ－クッタ法による数値計算（従属変数のみ） Ex3-4

ここで，t の間隔 Δt を 0.01 (セル C4) としたため，$t = 1$ となるために 100 行の計算が必要となります．8 行目に時間 0 での y の値を入れます．9 行目からが実際の計算ですが，この例では式 3-21 のうち独立変数 t がないので，従属変数 y だけを考慮します．ルンゲ－クッタの第 1 ステップ k_1 (セル B9) は，式 3-23 に従って，$k_1 = -Y_i$ すなわち，$-$(F8) となります．第 2 ステップ k_2 (セル C9) では，k_1 の値と t の間隔の 1/2 および 1 つ前の時刻での値を用いて計算するので，$k_2 = -(Y_i + (\Delta t/2) * k_1)$ となり，図の数式バーに表された式となります．第 3 ステップは $k_3 = -(Y_i + (\Delta t/2) * k_2)$ となり，同様に第 4 ステップは $k_4 = -(Y_i + \Delta t * k_3)$ となります．最後に，式 3-21 に従って第 1 から第 4 ステップで得られた各値と 1 つ前の時刻での Y_i の値から，この時刻での Y_{i+1} の値を計算します．これらの計算式を各セルに入れていきます．このようにして得られた結果は，図のセル I4 に示すように 0.36788 となり，解析解と比べて非常に良い結果を示します．

第 3 は，従属および独立変数から微分方程式が作られている場合です．この場合は式 3-21 に従い，両方の変数に操作が必要となります．その例を下に示します (**式 3-24**)．

$$\frac{dy}{dt} = 2ty - 2$$
$$y_0 = 2 \qquad \text{(式 3-24)}$$

この方程式の $t = 2$ での y の値を求めましょう．この解析解は複雑なので割愛し，解答のみを記すと，およそ 12.8763 となります．ルンゲ－クッタ法でこの方程式を解いてみましょう．ここで，$\Delta t = 0.02$ とします．

k_1 についてはこの方程式では単に $k_1 = 2t_iY_i - 2$ となります．k_1 は t と Y の両方について考慮するので，$k_2 = 2(t_i + \Delta t/2) * (Y_i + (\Delta t/2) * k_1) - 2$ となります．同様に，$k_3 = 2(t_i+\Delta t/2)*(Y_i+(\Delta t/2)*k_2)-2$，$k_4 = 2(t_i+\Delta t/2)*(Y_i+(\Delta t/2)*k_3)-2$ となります．最後に，これら 4 つの値と 1 ステップ前の Y_i の値から Y_{i+1} の値を計算します．その結果，下の図に示すように数値計算の結果（セル I4）は解析解（セル I3）と同じ値を示し，非常に良い結果が得られます（**図 3-8**）．

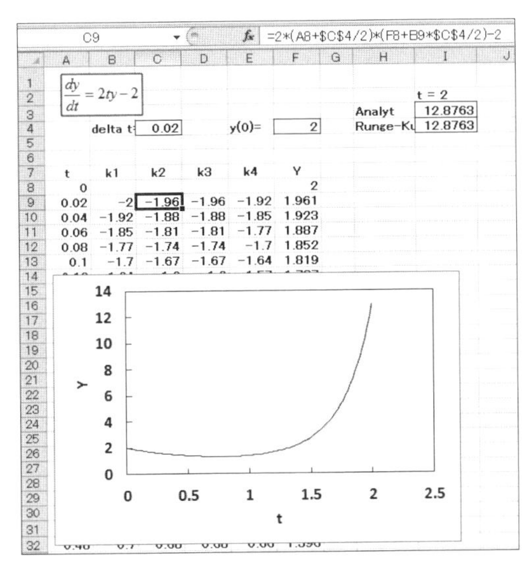

図 3-8 ルンゲ－クッタ法による数値計算（独立変数と従属変数）-1 Ex3-5

この微分方程式は，VBA の Function プロシージャーを使って解くことができます．まず，次の図のようにコマンドボタン機能を使って Start ボタンを作ります（**図 3-9**）．

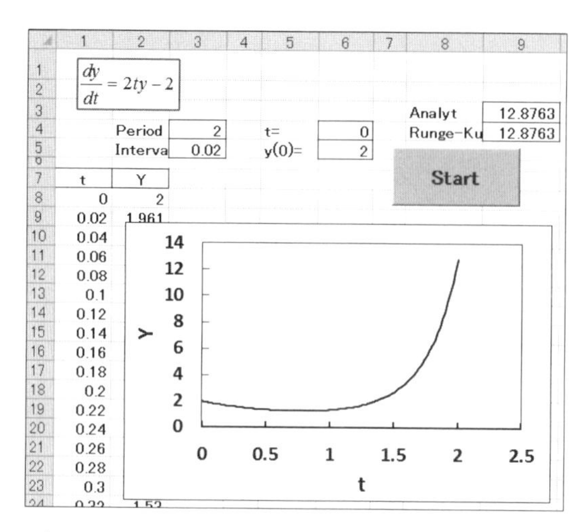

図 3-9　ルンゲークッタ法による数値計算（独立変数と従属変数）-2 Ex3-6

このボタンに**プログラム 3-1** を入力します．変数 perd，h，step はそれぞれ t の期間，間隔，繰り返し回数で，これらを定義します（2〜4 行目）．次に，これらの値を Excel シート上から得ます（5〜7 行目）．計算結果を記述するセルをクリアし（8 行目），t と y について初期値を代入します（9 行目）．なお，プログラム内では t を x で表しています．次に，For ... Next 構文を使って t の値を一定量ずつ変化させます（11 行目）．各ステップで Call を使って別の Sub プロシージャー rk1 を呼び出し（12 行目），その中で 4 次のルンゲークッタによる計算をします．また，その rk1 の中で元の式 3-24 を表すため，Function プロシージャーを使います．プログラム内で別の Sub プロシージャー，Function プロシージャーを使う際，この図に示したように引数（パラメーター）の指定に注意が必要です．計算結果はシートの 1 および 2 列目に順次出力されます（13〜14 行目）．最終結果をグラフに表すと，先ほどと同じ数値が得られます（図 3-9）．

プログラム 3-1 ルンゲークッタ法による数値計算プログラム

```
Private Sub CommandButton1_Click()
    Dim perd As Double
    Dim h As Double      'interval
    Dim step As Double

    perd = Cells(4, 3).Value
    h = Cells(5, 3).Value
    step = perd / h

    Range(Cells(8, 1), Cells(1000, 2)).ClearContents

    x = Cells(4, 6).Value      't
    y = Cells(5, 6).Value

    For i = 1 To step + 1
    Call rk1(h, x, y, ynew)
    Cells(i + 7, 1).Value = x
    Cells(i + 7, 2).Value = y
    x = x + h
    y = ynew
    Next

   Cells(1, 1).Activate
End Sub
Sub rk1(h, x, y, ynew)

    k1 = h * f(x, y)
    k2 = h * f(x + h / 2, y + k1 / 2)
    k3 = h * f(x + h / 2, y + k2 / 2)
    k4 = h * f(x + h, y + k3)

    ynew = y + (k1 + 2 * (k2 + k3) + k4) / 6

End Sub

Function f(x, y)
f = 2 * x * y - 2
End Function
```

連立 1 階微分方程式

上で示した単独の 1 階微分方程式の基本的数値解法を基に，次は連立した 1 階微分方程式を数値計算で解いてみましょう．連立微分方程式では，独立変数は 1 つで，従属変数が複数あります．

たとえば，次のような連立方程式を考えましょう．従属変数 y と z はともに独立変数 t の関数であり，それぞれ次のような式に従うとします（**式 3-25**）．ただし，a は定数です．

$$\frac{dy}{dt} = y + z$$
$$\frac{dz}{dt} = ayz \qquad \text{(式 3-25)}$$

t を時間，y と z をそれぞれ物質 Y と Z の濃度とすると，実際にあり得る化学反応かどうかは別として，y の時間的変化（生成速度）は両物質の濃度の和に依存し，z の時間的変化は両物質の濃度の積に依存することをこの式は表しています．これを 4 次のルンゲ－クッタ法を用いて数値的に解きます．ここでは Excel の VBA，特に Function プロシージャーを使って行ってみます．

図 3-10 に示すように，t は区間 $[0, 4]$ の間を 0.05 ずつの間隔で変化します．y および z の初期値はそれぞれ 2 と 1 とします．また $a = 0.01$ とします．数値計算はボタン操作とし，Start ボタンを押すと，13 行目以降に計算結果を示します．

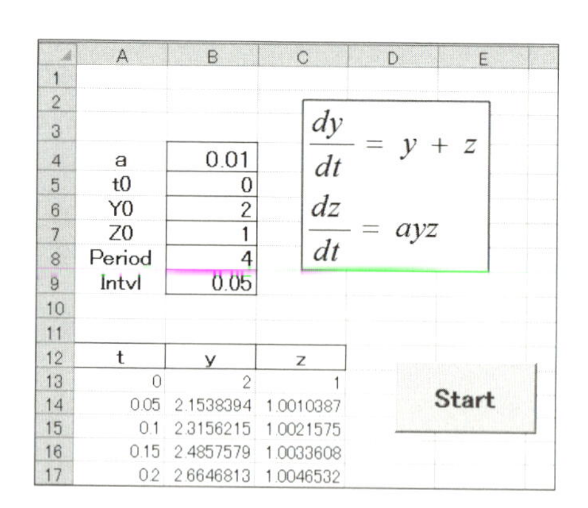

図 3-10　連立 1 階微分方程式の解法画面 Ex3-7

ここで，従属変数 y と z に関する関数をこの例では次の式のように定義します（**式 3-26**）．

$$
\begin{aligned}
f(y,z) &= y + z \\
g(y,z) &= ayz
\end{aligned}
\qquad \text{(式 3-26)}
$$

この連立方程式の 4 次のルンゲークッタ法での計算式を次のように示します(**式 3-27**).

$$
\begin{aligned}
Y_{i+1} &= Y_i + \frac{\Delta t \cdot (k_1 + 2k_2 + 2k_3 + k_4)}{6} \\
Z_{i+1} &= Z_i + \frac{\Delta t \cdot (l_1 + 2l_2 + 2l_3 + l_4)}{6} \\
k_1 &= f(t_i, Y_i, Z_i) \\
l_1 &= g(t_i, Y_i, Z_i) \\
k_2 &= f\left(t_i + \frac{\Delta t}{2}, Y_i + \frac{\Delta t}{2}k_1, Z_i + \frac{\Delta t}{2}l_1\right) \\
l_2 &= g\left(t_i + \frac{\Delta t}{2}, Y_i + \frac{\Delta t}{2}k_1, Z_i + \frac{\Delta t}{2}l_1\right) \\
k_3 &= f\left(t_i + \frac{\Delta t}{2}, Y_i + \frac{\Delta t}{2}k_2, Z_i + \frac{\Delta t}{2}l_2\right) \\
l_3 &= g\left(t_i + \frac{\Delta t}{2}, Y_i + \frac{\Delta t}{2}k_2, Z_i + \frac{\Delta t}{2}l_2\right) \\
k_4 &= f(t_i + \Delta t, Y_i + \Delta t k_3, Z_i + \Delta t l_3) \\
l_4 &= g(t_i + \Delta t, Y_i + \Delta t k_3, Z_i + \Delta t l_3)
\end{aligned}
\qquad \text{(式 3-27)}
$$

実際のプログラムは**プログラム 3-2** のように表されます.

プログラム 3-2　連立 1 階微分方程式の解法プログラム

```
Private Sub CommandButton1_Click()
    'start
    Dim perd As Double: Dim h As Double: Dim step As Integer
    Dim t As Double: Dim y As Double: Dim z As Double
    Dim a As Double

    perd = Cells(8, 2).Value
    h = Cells(9, 2).Value    'intval
    step = perd / h

    Range(Cells(13, 1), Cells(1000, 3)).ClearContents

    t = Cells(5, 2)
```

```
    y = Cells(6, 2)
    z = Cells(7, 2)
    a = Cells(4, 2)

    For i = 1 To step
    Call rk2(h, t, y, z, znew, ynew, a)
    Cells(i + 12, 1).Value = t
    Cells(i + 12, 2).Value = y
    Cells(i + 12, 3).Value = z
    t = t + h
    z = znew
    y = ynew
   Next

   Cells(1, 1).Activate
   End Sub

   Sub rk2(h, t, y, z, znew, ynew, a)

    k1 = h * f(t, y, z)
    m1 = h * g(t, y, z, a)
    k2 = h * f(t + h / 2, y + k1 / 2, z + m1 / 2)
    m2 = h * g(t + h / 2, y + k1 / 2, z + m1 / 2, a)
    k3 = h * f(t + h / 2, y + k2 / 2, z + m2 / 2)
    m3 = h * g(t + h / 2, y + k2 / 2, z + m2 / 2, a)
    k4 = h * f(t + h, y + k3, z + m3)
    m4 = h * g(t + h, y + k3, z + m3, a)

    ynew = y + (k1 + 2 * (k2 + k3) + k4) / 6
    znew = z + (m1 + 2 * (m2 + m3) + m4) / 6

   End Sub

Function f(t, y, z)
f = y + z
End Function

Function g(t, y, z, a)
g = a * y * z
End Function
```

実際に Excel の VBA を使って数値計算をすると，y と z の間には**図 3-11** のような結果が得られます．また，ここで図は割愛しますが，y と z の時間的変化もそれぞれ求められます．

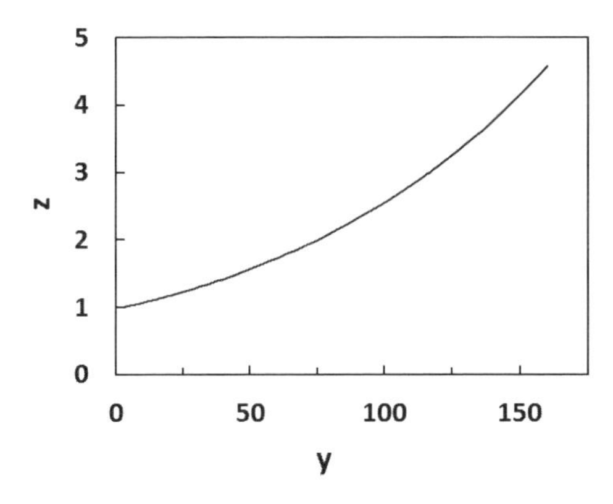

図 3-11　連立 1 階微分方程式 3-26 の z と y に関する解

2 階微分方程式

次の式のような 2 階微分方程式も同様にして解くことができます（**式 3-28**）.

$$\frac{d^2y}{dt^2} = -y \qquad \text{(式 3-28)}$$

この場合，次のように z を定義します（**式 3-29**）.

$$\frac{dy}{dt} = z \qquad \text{(式 3-29)}$$

z を使うと，式 3-28 は z をさらに t で微分した形（**式 3-30**）となります.

$$\frac{dz}{dt} = -y \qquad \text{(式 3-30)}$$

そのため，式 3-29 と式 3-30 を連立して解けばよいわけです.

実際の数値計算は，プログラム 3-2 で $f = z$ および $g = a * y$ とし，$a = -1$ とします．また，初期値として，図 3-10 で Y0 と Z0 を適宜変えます．例として下の**図 3-12** のようなコサインカーブを得ることができます．なお，計算は図の Start ボタンを押すと計算されます.

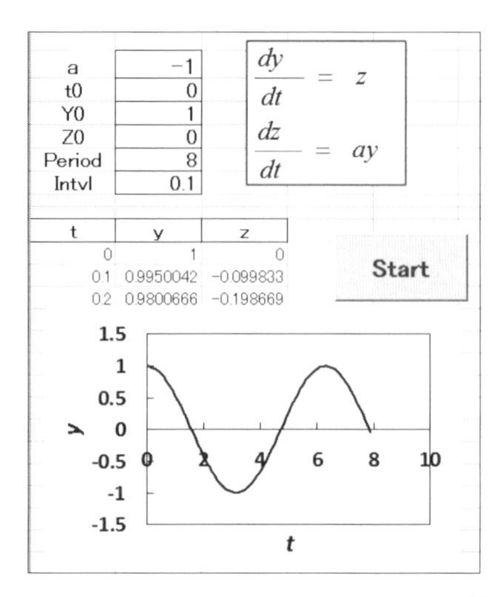

図 3-12　2 階微分方程式 3-29 の解の 1 例 Ex3-8

以上，Excel を使ったいくつかの簡単な数値計算プログラムを示しましたが，入力値を変えたり，数式を変えたりして，自分の目的に合わせた数値計算ができます．興味のある方は試してください．

3.3.2 偏微分方程式

独立変数が 2 個以上の微分方程式を偏微分方程式とよびます．熱伝導は偏微分方程式で表されます．固体中の熱伝導あるいはある物質の媒質中の拡散は，理想的には何のバイアスもかからない場（ラプラス場）で起こると考えられ，ともに同一の単純な式で記述できます．1 次元での熱伝導を考えると，その現象が x 軸方向の 1 次元の現象であれば，次の偏微分方程式で表されます（**式 3-31**）．

$$\frac{\partial T}{\partial t} = D\frac{\partial^2 T}{\partial x^2} \qquad \text{(式 3-31)}$$

ここで，独立変数は時間 t とその点の位置 x であり，従属変数はその点での温度 T となります．D は温度拡散係数とよばれます．

2 次元での熱伝導の場合は，その点の位置が x と y で表されるため，独立変数は 1 つ増え，次の式で表されます（**式 3-32**）．

$$\frac{\partial T}{\partial t} = D\left(\frac{\partial^2 T}{\partial x^2} + \frac{\partial^2 T}{\partial y^2}\right) \qquad \text{(式 3-32)}$$

3 次元ではさらにその点の位置を表すため，次のように x，y と z の座標が必要となります（**式 3-33**）.

$$\frac{\partial T}{\partial t} = D\left(\frac{\partial^2 T}{\partial x^2} + \frac{\partial^2 T}{\partial y^2} + \frac{\partial^2 T}{\partial z^2}\right) \qquad \text{(式 3-33)}$$

これらの式は，T においてその位置での変化の 2 階微分と時間的な変化（1 階微分）とが比例するという，美しい関係を表しています.

偏微分方程式を数値的に解く場合，たとえばある物体内部の点の温度を推定するには，その物体を微小立方体で分割して考えます（差分格子）．計算方法はいくつかありますが，詳細は専門書を参考にしてください．代表的な計算手法には，クランク－ニコルソン法があり，Excel を使って非定常の温度変化を数値計算できます．Excel の各セルが微小立方体の中心（格子点）と考えればよいわけです．Excel では，列または行のセルを使えば 1 次元の熱伝導を，シート上のセルを使えば 2 次元の伝導を数値計算できます．さらに複数のシートを使うと，3 次元の熱伝導を計算できます．温度の時間的変化は，時間ステップごとにシートの下方向に順次，セルを作っていきます．ただし，食品表面温度は，熱伝導方程式を解く上での境界条件であり，その温度設定には注意が必要です.

さらに，物体（固形食品）内部の各微小立方体の時間的温度変化が推定できると，本書で後述する増殖モデルを使ってその立方体に存在する汚染微生物の増殖あるいは加熱による死滅も推定します．その結果，食品全体またはある部分での汚染微生物の増殖も推定できます.

3.4　モデルの評価

微生物挙動に関する数学モデルの評価は，そのモデルによる推定菌数と実測した菌数を比較して行います．微生物集団での数値データ（菌数）の扱う範囲は非常に大きいので，一般に，数値を常用対数に変換して評価します．あるモデルで推測した菌数と実測した菌数がどれだけ違うかは，次の誤差2乗の平均値の平方根（the square root of the mean of the square error），$RMSE$ をしばしば指標として使います（**式 3-34**）．

$$RMSE = \sqrt{\frac{\sum_{i=1}^{k}(\log N_{i\mathrm{obs}} - \log N_{i\mathrm{est}})^2}{k}} \qquad \text{(式 3-34)}$$

ここで，$\log N_{\mathrm{est}}$ と $\log N_{\mathrm{obs}}$ はそれぞれ推定菌数と実測菌数の対数値を表します．k は観測点の数です．

また，観測ポイント数ごとに推定した菌数と実測した菌数がどれだけ違うかを $\log N_{\mathrm{obs}} - \log N_{\mathrm{est}}$ の値で評価する方法があります．実例として，**図 3-13** に変動温度下における液卵中のサルモネラ増殖予測の結果を示します[1)]．保存時間（横軸）に従って $\log N_{\mathrm{obs}} - \log N_{\mathrm{est}}$ をプロットしたものです．ほぼすべての観測点が +0.5 から −0.5 log の間にあり，観測点の多く（70 % 以上）でこの値が +0.5 から −1.0 log の間に入ればよいと考えられています．

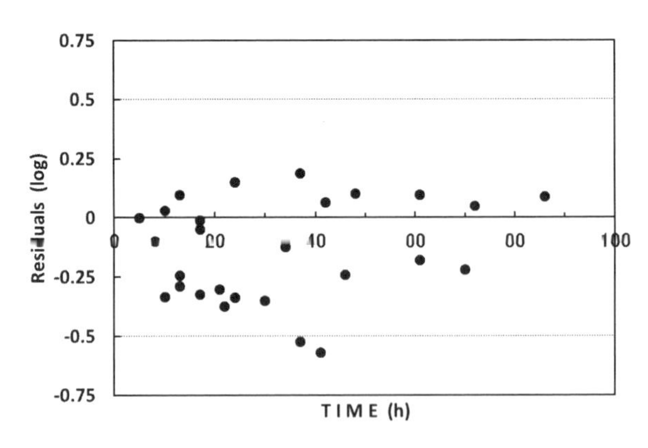

図 3-13　実測値と予測値との誤差-1

また，推測した菌数と測定した菌数（ともに対数値）を平面上にプロットする方法もあります．上記のサルモネラ増殖予測の結果をプロットすると，**図 3-14** のように表されます．

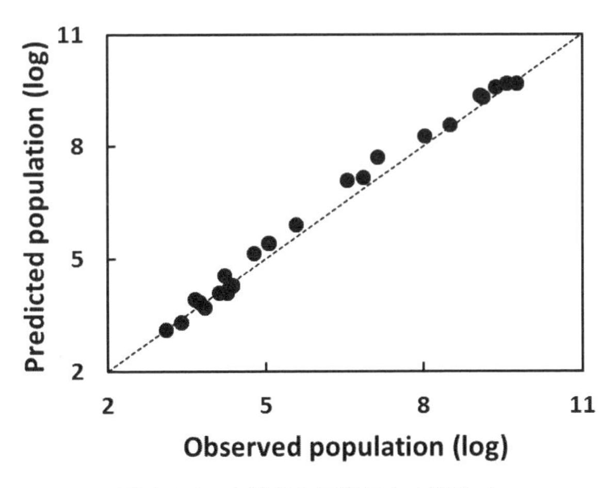

図 3-14　実測値と予測値との誤差-2

点線は両者の値が等しい等量線を示します．

さらに，実測値と予測値の関係は回帰直線でも表せます．図 3-14 の例では Excel の近似曲線機能を使うと次の式で表され，その相関係数は 0.996 と求められます（**式 3-35**）．ここで，x は実測値，y は予測値です（単位：log）．

$$y = 1.03x - 0.032 \qquad (式\ 3\text{-}35)$$

そのほか，モデルの評価についてはパラメーター数も加味した赤池の情報量規準 Akaike's Information Criterion（AIC）などの統計学的指標があります．使うパラメーター数の多いモデルは，誤差が小さくても AIC の値が大きくなります．

ただし，モデルによる実測値とフィッティングが良ければそれだけでよいということにはなりません．ある環境条件を変化させて測定し，実測値にそのモデルをフィットさせた時，得られたモデル中の各パラメーター値がその環境条件によってどう変化するか（あるいは変化しないのか）が非常に大きな問題です．環境条件を変えた場合，あるパラメーター値が不規則に変動すると，新たな環境条件での予測はできません．たとえば，各種温度下での微生物増殖を測定し，その実測値をうまくフィッティングできたとしても，それらの温度でのパラメーター値に規則性が得られなければ，別の新しい温度での増殖は予測できないことになります．これについては後述します．

引用文献

1）　M. Z. Sakha and H. Fujikawa（2013）*Biocont. Sci.*, 18, pp.89-93.

第2部

微生物の増殖解析

第 4 章 基本増殖モデル

食品における微生物の増殖あるいは死滅を解析し，さらに予測するために，数多くの数学モデルまたは数式がこれまで発表されてきました．Whiting と Buchanan はこれらを次の 3 つのグループに分類しました．

①基本モデル

微生物の増殖あるいは死滅を直接表すモデルあるいは数式．具体的には菌数の時間的変化を示します．

②環境要因モデル

基本モデルの中に含まれるパラメーターが環境要因によって変化する場合，それを表すモデルあるいは数式を指します．たとえば，死滅の速度定数が温度によって変化し，それがアレニウスモデルで表される場合，アレニウスモデルは環境要因モデルとよばれます．

③統合モデル（エキスパートモデル）

基本モデルと環境要因モデルを統合したモデルで，新しい環境条件に対してその増殖あるいは死滅を推定できます．コンピュータ上のプログラムとして作成され，モデルや数式に関する専門的な知識がなくとも利用できるモデルです．

以上の分類に沿って，第 2 部では微生物の増殖について，第 3 部では死滅について解説していきます．

4.1　ロジスティックモデル

生態学において，ある生物種の増殖を表す基本モデルとして指数関数モデルがあります．これはマルサスモデルともよばれ，いわゆるネズミ算です．化学反応では 1 次反応モデルに相当します．このモデルでは，一定時間で個体数は一定の比率で増加します．ここで個体数とは，ある単位体積あるいは面積あたりの数を示します．このモデルを微分型で表すと，ある時間 t での個体数を N とおくと，その増殖速度 dN/dt は**式 4-1** のようになります．

$$\frac{dN}{dt} = rN \qquad \text{(式 4-1)}$$

$r\ (>0)$ は，増殖速度定数あるいは比最大増殖速度とよばれます．このモデルで増殖速度はその時点での生物種の数 N に比例します．増殖速度は自動車の走行速度と同じように，その瞬間での増殖速度を表します．そのため，自動車では速度を時間で積分すると走行距離がわかるように，増殖速度を時間で積分するとある時間までの増殖した個体数が求められます．式 4-1 を数学的に解くと，**式 4-2** に示す指数関数となります．ここで，N_0 は初期個体数（時間 0 での個体数），$e\ (= 2.718\cdots)$ は自然対数の底を表します．

$$N = N_0 e^{rt} \tag{式 4-2}$$

式 4-2 で明らかなように，個体数 N は時間 t とともに増加し，最終的には無限大になってしまいます．そのため，本モデルは現実の生物増殖には当てはまりません．

次に，生態学でよく知られた代表的な増殖モデルがロジスティックモデルです．このモデルを微分型では**式 4-3** のように表します．

$$\frac{dN}{dt} = rN\left(1 - \frac{N}{N_{\max}}\right) \tag{式 4-3}$$

ここで，$N_{\max}$ は最大到達数であり，その環境領域がその生物種を育てられる容量と考えられます．式 4-3 と式 4-1 を比べると，最後に $N_{\max}$ を含んだ新たな項が加わったことがわかります．個体数 N が増加して $N_{\max}$ に近づくにつれて，この項の値は 0 に近づきます．その結果，左辺全体も 0 に近づき，増殖が止まっていくことを表しています．

上記の微分式を解くと解析解が得られ，**式 4-4** のように表せます．実際に積分するには変数分離法を使います．興味のある読者は解いてみてください．

$$N = \frac{N_{\max}}{1 - \left(1 - \dfrac{N_{\max}}{N_0}\right)e^{-rt}} \tag{式 4-4}$$

このようにロジスティックモデルは，微分型および解析型で表すことができます．本モデルは時間に沿って S 字型に増加する曲線を示し，実際の昆虫などの増殖をうまく表せることが知られています．しかし，後述するように，ロジスティックモデルは微生物増殖には適用できません．ただし，本モデルは生物増殖の基本モデルであり，解析演習を行うにも適しているため，まずこのモデルを Excel で解析してみましょう．

ロジスティックモデルによる増殖曲線をグラフ上に描いてみます．描くには 2 つの方法があります．1 つは微分方程式を数学的に解いて得られた解析解（式 4-4）を使って時間に沿って個体数を求める方法，もう 1 つは微分方程式（式 4-3）を数値計算によって解く方法です．

ここでは Excel による計算になれるため，まず解析解を使った方法で曲線を描きます．そのためには式 4-4 において，$N_{\max}$，C，r の値が事前に得られている必要があります．ここでは**図 4-1** に示すようにこれらの値がすでに得られているとして，初期個体数 N_0 は 10，最大到達個体数 $N_{\max}$ は 1000，速度定数 r は 0.4，時間間隔は 0.05 としました．すると，図に示されるように各時間ステップでの N の時間的増加がみられます．

詳細をみると，図 4-1 に示すように，時間 1 ステップ目の N の計算式は解析解に従ってセル B10 に書き込みます（図最上段の数式バー f_x の式を参照）．なお，A 列の時間は最初のセル A9 では 0 とし，次の A10 は A9+$E$2 とします．ここでセル E2 は時間間隔を示します．$はセルの行または列の番号を固定する記号です．セル B10 の計算結果は隣のセル C10 で（常用）対数値に変換しています．参考として，D10 はその時刻での増殖速度を式 4-3 に沿って計算した値です．

こうして必要な計算式をセル A10 から D10 まで入力し終わったら，これらをコピーし，次にシートの下方向に必要な時間だけペーストします（図 4-1）．このようにして各時間ステップで計算します．なお，この例で時間の単位は特に指定していません．

B10　f_x =$C$5/(1-(1-$C$5/$C$4)*EXP(-$C$6*A10))

	A	B	C	D	E	F	G	H
1	Logistic curve-1							
2			$N = \dfrac{N_{\max}}{1-(1-\dfrac{N_{\max}}{N_0})e^{-rt}}$					
3								
4		N0	10	delta t	0.05			
5		Nmax	1000					
6		r	0.4					
7								
8	t	N	log N	dN/dt				
9	0	10	1	3.96				
10	0.05	10.2	1.0086	4.03837				
11	0.1	10.4039	1.01719	4.11825				
12	0.15	10.6118	1.02579	4.19968				
13	0.2	10.8239	1.03438	4.28268				

図 4-1　ロジスティックモデルの計算例（解析解）　Ex4-1

実際，この数値解は**図 4-2** のように S 字状曲線（実線）として描かれます．一方，その対数変換値（点線）はラグタイムがない曲線となります．したがって，第 1 章に示したような一般的な微生物増殖曲線を本モデルは描けないことがわかります．

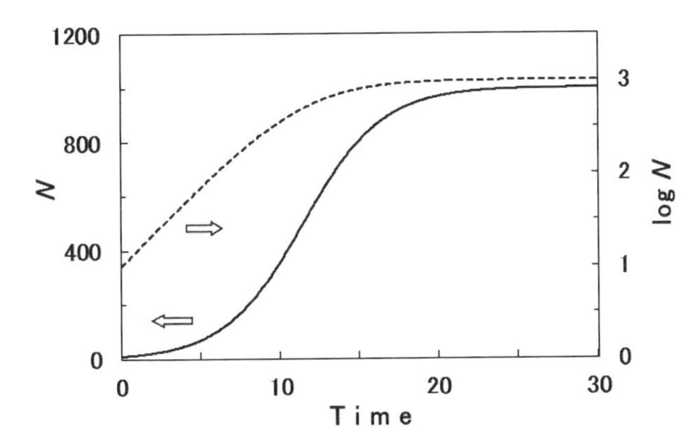

図 4-2 ロジスティック曲線とその対数変換値
実線はロジスティック曲線を，点線はその対数変換値を表します．矢印は各曲線に対応する縦軸を示します

参考として，上の条件下での増殖速度（図 4-1 の D 列）の時間的変化をみると，**図 4-3** の点線に示すように 1 つのピークを持った曲線として描かれます．このピーク時刻がこのロジスティック曲線（実線）の変曲点の時刻です．実際に 2 次微分の値を計算すると，正から負に変化する点であることがわかります．興味のある読者は確認してください．

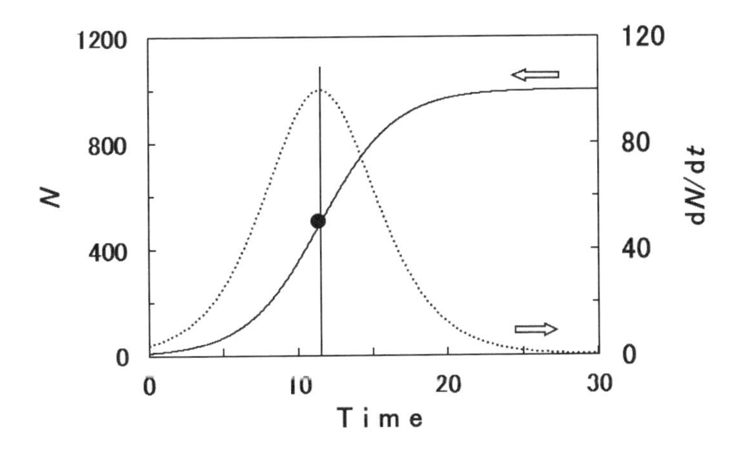

図 4-3 ロジスティック曲線とその増殖速度
実線はロジスティック曲線を，点線はその増殖速度を表します．黒丸は変曲点を，縦線はその時間（$t = 11.5$）を示します

次に，微分型のロジスティックモデル（式 4-3）を数値計算によって解いてみましょ

う．数値計算による解法は第 3 章で解説したように，微分方程式の解が得られない場合に極めて有効な武器となります．ここでは一般的によく知られた 4 次のルンゲ－クッタ法を使います．なお，ロジスティック式（式 4-3）は右辺に従属変数（個体数 N）しかないタイプです．

上の図 4-1 と同じ条件でロジスティック曲線を描きます．**図 4-4** のように，セル F12 は時間 0 での個体数である 10 を入れます．4 次のルンゲ－クッタ法の 4 段階の数値計算を図の B 列から E 列で行い，最後に F 列でそれらの値を使ってその時刻での値を求めます．

具体的には，図 4-4 の 13 行目の各セルに式 4-3 に従って式を入れます．まずルンゲ－クッタ法の第 1 段階 k1（セル B13）では，図に示すように式 4-3 の変数 N に 1 時間ステップ前（セル F12）の値を使います．セル B13 での計算式は

B13 =$A$7*$B$7*F12*(1-(F12/$C$5))

と表されます．k2（セル C13）では，1 ステップ前の値（セル F12）と k1 の値（セル B12）から次のように計算されます．

C13 =$A$7*$B$7*(F12+B13/2)*(1-((F12+B13/2)/$C$5))

k3（セル D13）では 1 ステップ前の値（セル F12）と k2 の値セル（C13）から計算されています．

D13 =$A$7*$B$7*(F12+C13/2)*(1-((F12+C13/2)/$C$5))

k4（セル E13）では 1 単位時間前の値（セル F12）と k3 の値セル（D13）から計算されます．

E13 =$A$7*$B$7*(F12+D13)*(1-((F12+D13)/$C$5))

最終セル F13 で N は，1 ステップ前の値（セル F12）と，k1（セル B13）から k4（セル E13）までの値から，次のように計算されます．

F13 =F12+(B13+2*C13+2*D13+E13)/6

この操作を単位時間ごとに繰り返していきます．

一方，時間は A13 =A12+$A$7 です．したがって，次にこれらのセル A13:F13 をコピーし，1 つ下の行から計 30 時間までにペーストします．なお，このルンゲ－クッタ法は後述するように VBA 機能を使って計算することもできます．

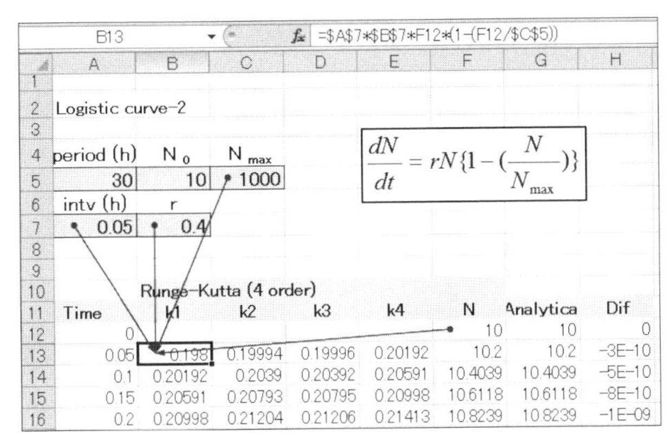

図 4-4　ロジスティックモデルの計算例（ルンゲークッタ法）Ex4-2

この数値計算によって得られた解（図 4-4 の F 列）と前述した解析解（G 列）との差をみると（H 列），非常に小さな値です（この例では最大で $8.4 * 10^{-7}$）．したがって，この数値計算に問題はないことがわかります．このように元の数式に解析解がある場合，数値解が解析解とどのくらいの差を持つかを確かめておくべきです．

4.2　ゴンペルツモデル

ロジスティックモデルでは，図 4-2 で示したように片対数グラフでラグタイムのある増殖曲線を表せません．そこで，それに代わる数多くの増殖モデルが 1980 年代後半頃から欧米各国で開発されてきました．それらの中で代表的なゴンペルツモデル（Gompertz モデル：Gom モデル）とバラニーモデル（Baranyi モデル：Bar モデル）を解説します．

Gom モデル自体は，生物個体数 N の増加を表すモデルとして以前から知られてきました．本モデルはロジスティックモデルと同様，2 次元平面上でシグモイド曲線を描きますが，片対数プロット上では描けません．そこで数学的には適切ではありませんが，Gibson らは，対象とする個体数をその対数値に置き換えることによって，微生物の増殖曲線を表せるように改変しました．**式 4-5** に改変した最終的な Gom モデルを示します．これを以後，本書では便宜上「Gom モデル」とよびます．

$$y = A\exp\left\{-\exp\left[\frac{\mu_{\max}\cdot e}{A}(\lambda - t)+1\right]\right\} \quad (式 4\text{-}5)$$

ここで，y は初期菌数に対する時間 t での菌数（自然対数値），$\mu_{\max}$ は最大比増殖速度，λ は遅れ時間，A は初期菌数に対する最大菌数（自然対数値）を示します．なお，微生物数は，通常 10 を底とする常用対数で表しますが，自然対数値との変換は次の関係式で行えます（**式 4-6**）．ただし，ln は自然対数を示します．

$$\log_{10} N = \frac{\log_e N}{\log_e 10} = \frac{\ln N}{2.30} \quad \text{(式 4-6)}$$

4.3 バラニーモデル

Bar モデルは，微生物細胞内で増殖速度を律速する物質（RNA?，ATP?）を考え，それが時間とともに指数関数的に増加すると仮定し，さらに酵素反応で知られるミカエリス－メンテン式を律速物質に当てはめ，それをロジスティックモデルに導入しました．すなわち，本モデルは次の 2 式で構成されます（**式 4-7**，**式 4-8**）．

$$\frac{dQ}{dt} = \mu_{\mathrm{max}} Q \quad \text{(式 4-7)}$$

$$\frac{dN}{dt} = \mu_{\mathrm{max}} \frac{Q}{1+Q} \left\{ 1 - \left(\frac{N}{N_{\mathrm{max}}} \right)^p \right\} N \quad \text{(式 4-8)}$$

ここで，Q は増殖律速物質の細胞内濃度，μ_{max} はその最大比増殖速度，N_{max} は菌数の最大値，p は曲線の曲率に関するパラメーターです．

このモデルでは，式 4-7 に示すように，細胞内の濃度 Q は時間とともに指数関数として増大するとします．したがって濃度 Q は，最終的に無限大に発散してしまい，作成者が述べているように生物学的には不可能な仮定です．式 4-8 のミカエリス－メンテン式 $Q/(1+Q)$ の値は Q が 1 に比べて十分小さい時は Q とほぼ等しい値となりますが，時間とともに Q が増大するとこの値も徐々に増大し，Q が非常に大きくなると 1 に近づきます．

また，本モデルは増殖曲線においてそのラグタイムの長さ lag と μ_{max} の積がどの条件下でも一定であるという前提条件が必要です．そのため，lag が 0 に近い値の場合，μ_{max} が非常に大きな値となって，本モデルは使えません．

式 4-7 と式 4-8 は解析的に解け，次のように表すことができます（**式 4-9**）．

$$y(t) = y_0 + \mu_{\mathrm{max}} t + \frac{1}{\mu_{\mathrm{max}}} \ln(e^{-u_{\mathrm{max}} t} + e^{-h_0} - e^{-\mu_{\mathrm{max}} t - h_0}) - \frac{1}{p} \left(1 + \frac{e^{p\mu_{\mathrm{max}} t + \frac{1}{\mu_{\mathrm{max}}} \ln(e^{-u_{\mathrm{max}} t} + e^{-h_0} - e^{-\mu_{\mathrm{max}} t - h_0}) - 1}}{e^{p(y_{\mathrm{max}} - y_0)}} \right) \quad \text{(式 4-9)}$$

ここで $y(t)$ と y_0 は時間 t および 0 における菌数，y_{max} は最大菌数，h_0 はラグタイムの長さと μ_{max} との積です．

4.4　新ロジスティックモデル

Fujikawa らはロジスティックモデルを拡張して，新しい増殖モデルを開発しました．このモデルでは，増殖速度は初期菌数によっても影響されるとしてロジスティックモデルに初期菌数に関する新しい項を加え，新ロジスティック New logistic（NL）モデルとよびました．本モデルを式で表すと次のようになります．

$$\frac{dN}{dt} = rN\left\{1 - \left(\frac{N}{N_{\mathrm{max}}}\right)^m\right\}\left\{1 - \left(\frac{N_{\mathrm{min}}}{N}\right)^n\right\} \qquad \text{(式 4-10)}$$

ここで，N_{min} は初期菌数 N_0 に相当する菌数ですが，N_0 よりもごくわずかに小さな値でないと時間 0 の時第 2 項が負の値となってしまうため，ここでは N_{min} は N_0 よりも $1/10^6$ だけ小さい値とします．m および n (> 0) はパラメーターです．m が小さいほど対数増殖後期（減速期）の曲がり方がゆるやかとなります．n はこの値が大きいほどラグタイムは短くなります．

4.5　各モデルの解法

実測データを使って，微生物増殖を上記 3 つのモデルで解析してみましょう．例として，密封パウチに入れた滅菌マッシュポテテ中での大腸菌増殖データを用います[1, 2)]．滅菌したマッシュポテト中に大腸菌を接種後，一定温度（18 ℃）で保存し，決められた時間ごとにサンプルを 2 つずつ取り出し，その中の大腸菌数（CFU/g）を測定します．その実測値を**図 4-5** に示します．

H10　=LOG(AVERAGE(D10:E10)/0.05)+$C10+1

	A	B	C	D	E	F	G	H	I	J
1										
2				Counts				Avr		
3	No.	hr	dilution	A1	A2	B1	B2	A	B	log N
4	0	0	0.5	64	70	90	67	3.1271	3.1959	3.1615
5	1	5.333	0.5	110	121	92	88	3.3636	3.2553	3.3094
6	2	9.5	0	60	45	51	58	4.0626	4.0374	4.05
7	3	13.5	1	24	38	30	32	4.7924	4.7924	4.7924
8	4	17.5	1	162	166	151	138	5.5159	5.4609	5.4884
9	5	22.5	2	97	105	140	130	6.3054	6.4314	6.3684
10	6	26	3	96	69	113	107	7.2175	7.3424	7.28
11	7	30	4	39	41	72	61	7.9031	8.1239	8.0135
12	8	34	5	36	30	33	28	8.8195	8.7853	8.8024
13	9	39.5	5	83	89	113	79	9.2355	9.2833	9.2594
14	10	44.5	5	160	157	156	149	9.5011	9.4843	9.4927
15	11	50	5	164	158	164	155	9.5079	9.5038	9.5058

図 4-5　マッシュポテト中での大腸菌増殖データ

図 4-5 で，A 列はサンプル番号を示します．B 列に保存時間，C 列に試料の希釈率，D-E 列にサンプル A のコロニー数，F-G 列にサンプル B の実測コロニー数を示します．H 列には，C 列での希釈倍率と D-E 列の 2 枚の寒天平板でのコロニー数から求めた菌数（対数値）を示します．たとえば，表中のサンプル番号 6 のサンプル A（セル H10）での計算式は，図 4-5 の数式バーで示されるように，セル D10 と E10 のコロニー数の平均値をまず求め，それを塗抹量 0.1 ml で割り，その対数値をとります．それに連続希釈倍率（セル C10）と最初の 10 % の希釈率を対数値として加えています．サンプル B でも I 列で同様な計算をします．最後に両サンプル（H 列と I 列）の平均値を求めます（J 列）．

4.5.1　ゴンペルツモデルとバラニーモデルによる増殖曲線

上のデータを Gom モデルおよび Bar モデルでフィッティングさせてみましょう．ある増殖データをこれらのモデルでフィッティングさせるために，「DMFit」というプログラムが無料で公開されています．URL はコラム 2 を参照してください．これを用いると，その増殖挙動にフィットさせた両モデルのパラメーター値が得られます．DMFit は，Excel のソルバーを利用した解析プログラムであり，式 4-9 を基に作られています．ここでは，DMFit を基に著者が作成したプログラムでの解析結果を示します（**図 4-6**）．なお，この図で DModel とは Bar モデルを意味します．mumax は最大比増殖速度（μ_{max}），すなわち速度定数であり，lag はラグタイムの長さを示します．y(0) と y(end) は初期菌数と最大菌数の自然対数値を示します．これらを常用対数に変換するには上述したように 2.30 で割ります．また，Bar モデルでは $mCurv$ と h_0 はともに 10 というデフォルト値を使って解析しているので，ここでもそれに従います．

	A	B	C	D	E	F	G	H	I	J
1										
2	**Fitting**	Gomp parms		DModel parms						
3		mumax	**0.52219**	mumax	**0.4608**					
4		lag	**6.91851**	lag	**5.7175**					
5		y(0)	**7.18122**	y(0)	**7.3853**					
6		y(end)	**23.3235**	y(end)	**21.972**					
7				mCurv	10					
8				h0	10					
9									Dif	
10		tplot	Gomp	DModel	At		hr	N (log)	Gomp	DModel
11		0	3.1662513	3.2073808	0		0	3.161502	2.255E-05	0.0021048
12		5.3333333	3.4268243	3.254588	0.235892		5.333333	3.309442	0.0137786	0.003009
13		9.5	3.922209	3.9644711	3.783299		9.5	4.050004	0.0163316	0.0073159
14		13.5	4.646096	4.7646022	7.782534		13.5	4.792392	0.0214024	0.0007723
15		17.5	5.5186154	5.564275	11.78253		17.5	5.488386	0.0009138	0.0057592
16		22.5	6.6328258	6.5603738	16.78253		22.5	6.368358	0.0699435	0.0368702
17		26	7.3383305	7.2493759	20.28253		26	7.279953	0.0034079	0.000935
18		30	8.0238656	8.0082239	24.28253		30	8.034167	0.0001061	0.0006731
19		34	8.5718296	8.6800388	28.28253		34	8.802437	0.0531797	0.0149813
20		39.5	9.1233032	9.281192	33.78253		39.5	9.259415	0.0185264	0.0004742
21		44.5	9.4634596	9.4791403	38.78253		44.5	9.49268	0.0008538	0.0001833
22		50	9.7109488	9.5308974	44.28253		50	9.505823	0.0420765	0.0006287
23										
24								RMSE	0.1415812	0.0783725

図 4-6　Gom モデルと Bar モデルによる解析 Ex4-3

このプログラムの使い方を説明します．図の G 列と H 列には測定データ（時間と菌数の対数値）を入力します．Gom モデルおよび Bar モデル（DModel）での各時間での推定値が，C 列と D 列に記されています．パラメーター値の推定には，領域 C3:C6 と E3:E6 を使います．実測値と推定値の差の 2 乗が I 列と J 列に記され，それらの合計がセル I24 と J24 に表されています．

各モデルの最適なパラメーターの値は，誤差が最少となる条件でソルバーを使って得られます．ソルバーは，数式に含まれるパラメーターの最適値を求める時，優れた力を発揮します．しかも複数のパラメーターを設定できます．各パラメーターの最適値を求めるためには条件式が必要で，条件式（目的セル）の値がある値（最小値，最大値など）になるように設定します．

ソルバーを使うには，Excel で「データ」から「ソルバー」を選びます．DModel を解く場合には，**図 4-7** に示すように，図 4-6 での誤差 $RMSE$ を示すセル J24 を目的セルとします．このセルが最小値をとるために値が変化する変数セルとして，セル

E3:E6 を選択します．変数の値に正負などの条件が必要な場合は，図 4-7 の中央部に記入します．最後に「解決」ボタンを押すと，図 4-6 に示す最適解が得られます．また，Gom モデルでは，目的セルを I24 とし，変数セルを C3:C6 としてソルバーを使うと，図 4-6 に示す最適解が得られます．

図 4-7　ソルバー画面

なお，実測データ数が上記の例より多い場合は，データ全体を図 4-6 の G 列と H 列に入力した後，I 列と J 列もデータ数に合わせて拡張し，各誤差もそれら全体をカバーするように指定してください．

次に，ソルバーで得られたパラメーター値を使って，Gom モデルおよび Bar モデルでフィッティングさせた増殖曲線を描きます．このファイルでは，**図 4-8** の範囲 C3:C6 と E3:E6 にそれぞれ図 4-6 で得られた各モデルのパラメーター値を代入します．時間間隔は 0.1 時間（セル A9），推測期間は 50 時間（セル A12）としましょう．この表の C 列から E 列の 11 行以降のセルには先ほどの表と同じ計算式が代入してあり，各時刻での菌数（対数値）が計算されます．

	A	B	C	D	E
1					
2		Gomp parms		DModel parms	
3		mumax	0.522188	mumax	0.46082
4		lag	6.918513	lag	5.71747
5		y(0)	7.181217	y(0)	7.38527
6		y(end)	23.32349	y(end)	21.9725
7				mCurv	10
8	intv (h)			h0	10
9	0.1				
10		tplot	Gomp	DModel	At
11	period (h)	0	3.166251	3.207381	0
12	50	0.1	3.168374	3.207382	5E-06
13		0.2	3.170572	3.207383	1.1E-05
14		0.3	3.172846	3.207385	1.8E-05
15		0.4	3.175199	3.207386	2.6E-05
16		0.5	3.177633	3.207388	3.6E-05

図 4-8　Gom モデルと Bar モデルによる解析結果 Ex4-4

その計算結果をグラフに表したものが**図 4-9** です．両モデルとも実測値とよく一致しています．詳細にみると，Gom モデルでは全体的に曲線が S 字状に湾曲しており，対数増殖期に直線部分がみられません．Bar モデルでは実測値と高いフィッティングがみられます．この例では，図 4-6 のセル I24 と J24 でみられるように，各モデルによる実測値との誤差も Bar モデルのほうが小さくなっています．

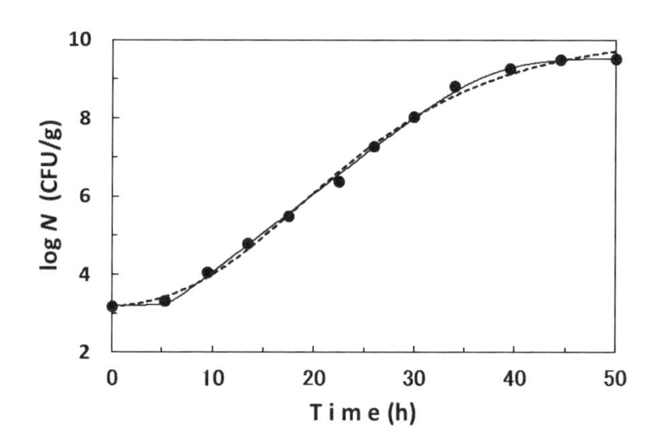

図 4-9　Gom モデルと Bar モデルによるフィッティング
点線は Gom モデル，実線は Bar モデルによる増殖曲線を示します．点は実測値を表します

Bar モデルは微分型で解くこともできます．すなわち，式 4-7 と式 4-8 を使い，図 4-6 で得られたパラメーター値を使って増殖曲線を描くことができますが，ここでは割愛し，増殖予測の項で説明します．

4.5.2　新ロジスティックモデルによる増殖曲線

NLモデルによる解析プログラムが食品産業センターのサイトから無料で入手できます．URLはコラム2を参照してください．ここではその使い方を紹介します．

No.	hour	log N
0	0	3.1615
1	5.333	3.3094
2	9.5	4.05
3	13.5	4.7924
4	17.5	5.4884
5	22.5	6.3684
6	26	7.28
7	30	8.0342
8	34	8.8024
9	39.5	9.2594
10	44.5	9.4927
11	50	9.5058
12		

1. Delete Data

2. Paste Data

3. Curve Fitting

図4-10　NLモデルによる解析プログラム Ex4-5

この解析プログラムは，増殖曲線中で解析に最適な対数増殖期を求め，その対数増殖期に基づいてフィッティングを行います．そのため，**図4-10**においてまず「1. Delete Data」ボタンを押して以前のデータを削除し，別のExcelシートから測定データ（時間と菌数の対数値）をコピーし，「2. Paste Data」ボタンを使ってシートのB列とC列に貼り付けます．次に，「3. Curve Fitting」ボタンを押すと，**図4-11**に示すユーザーフォームが現れます．そこで，画面中央部にプロットされた増殖グラフをみながら，対数増殖期の始点と終点の候補を各範囲として指定します．この例では，始点として実測した第1点から第2点までを候補とし，終点の候補として第7点から第8点までとしました．ただし，時間0での点は第0点とします．始点として2通り，終点として2通り選んだことになり，全組み合わせは4通りとなります．計算時間は長くなりますが，始点と終点の候補はそれぞれ広くとるほうがよいでしょう．

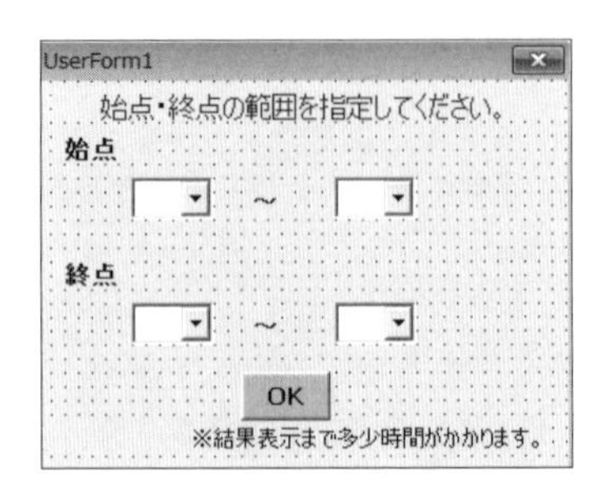

図4-11　ユーザーフォーム

実行すると，上で選んだすべての組み合わせの解析結果が入った Excel ファイルが新たに作られます．その中で，実測値との誤差が最少となる始点と終点の組み合わせが選ばれ，解析プログラムのシート中央にはその組み合わせでの解析結果と増殖曲線が表示されます（**図 4-12**）．

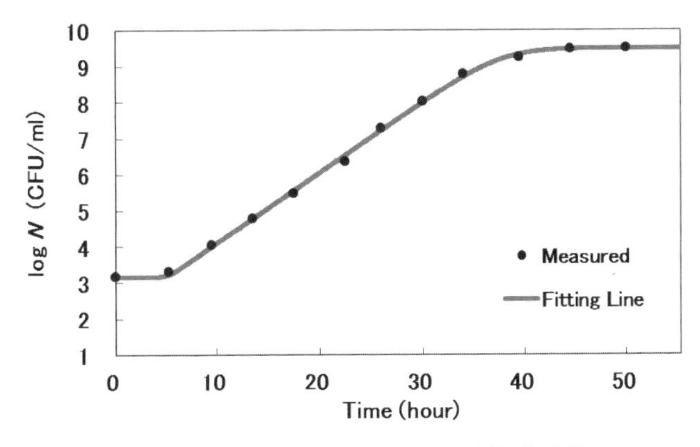

図 4-12 実測値とフィッティングした曲線

この例では第 2 点から第 8 点までを対数増殖期とした組み合わせが選ばれました（**図 4-13**）．この図で示す速度定数 r は，上記のように最適な対数期から求めた実測値です．なお，この r と Bar モデルの $\mu_{\max}$ とは求め方は異なりますが，本質的に同じものです．同様にラグタイム lag も実測値です．そのほか，図にあるようにパラメーター m と n の値および誤差 $RMSE$ も得られます．

Slope	From:	To:
No.	2	8
	Intv	0.05
	corr	0.99888
	slope	0.196
	r	0.451
	intcpt	2.124
	lag	5.300
	No	#########
	Reduction	0.000001
	N_{ini}	1450.4468
	N_{max}	3.205E+09
	m	0.967
	n	5.169
	MSE	0.005854
	vacant	21
	RMSE	0.07651

図 4-13　NL モデルによる解析結果

ラグタイム lag は，以下に示すように実測値から測定されます．例として**図 4-14** のような増殖曲線を考えましょう．増殖曲線の対数増殖期を表す最適な直線 L を決めた後，その直線と初期菌数（対数値）を示す点 A を通り，時間軸に平行直線との交点 B を見つけます．その交点と始点の間の時間 AB を lag と定義します．直線 L を延長して Y 軸との交点（切片）を C とすると，1 : AB $=$ $slope$: AC の比例関係が成り立ちます．ここで，$slope$ は直線 L の傾きを表します．したがって $slope$ $=$ AC/AB で求められます．上の増殖曲線では，初期菌数（対数値）が図 4-10 から 3.16$\cdots$ であり，点 C の値は図 4-13 の intcpt より 2.12$\cdots$ ですから，その差から AC の長さが得られます．一方，$slope$ は図 4-13 より 0.196 です．計算結果は図 4-13 の lag $(= 5.300)$ として表されています．

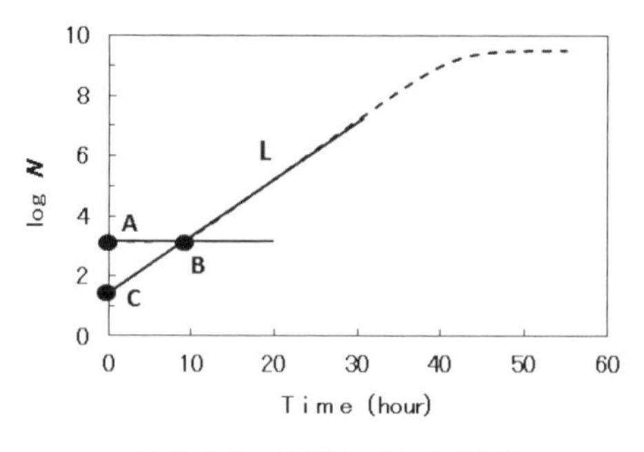

図 4-14　ラグタイムの定義

本モデルで実測値との誤差 $RMSE$ は，0.07651 となります．この値は図 4-6 にある Gom モデルでの値 0.14158 および Bar モデルでの値 0.07837 より小さく，本モデルによるフィットが非常に良いことがわかります．

NL モデルでフィットした曲線は解析プログラム上に表れますが，図 4-13 に示された本モデルの各パラメーター値を使って増殖曲線を描いてみましょう．本モデルは 4 次のルンゲ－クッタ法を用いた数値計算によって描くことができます．ここでは，Excel シート上で数値計算をする方法（**プログラム 4-1**）とさらに Function プロシージャーを用いる方法（**プログラム 4-2**）を紹介します．

プログラム 4-1 では，**図 4-15** に示すように，得られた各パラメーター値を表の右上にペーストすると，計算に必要な値は図の左側のセルに引用されます．次に，推定期間とインターバルをそれぞれセル B7 と B9 に入れます．最後に Start ボタンを押すと計算が始まり，最初の行（16 行目）の計算式の行がコピーされ，時間に沿って順次ペーストされていきます．画面上で操作途中が表れ，計算に時間がかかりますが，参考として載せました．

	A	B	C	D	E	F	G	H	I	J	K
1											
2									slope	0.1957	
3									r	0.4507	
4						Start			intcpt	2.1242	
5		Time (hr)							lag	5.2997	
6		period	log N_0	Reduction					No	1450.4	
7		50	3.1615	1E-06					Reductic	1E-06	
8		intv (hr	og N_{max}	N_{ini}	r	m	n		N ini	1450.4	
9		0.1	9.5058	1450	0.451	0.967	5.169		N max	3E+09	
10			######						m	0.9671	
11									n	5.1685	
12											
13						Runge-Kutta (4 order)					log N
14				Time	r	k1	k2	k3	k4	Nk+1	NLM III
15				0	0.451					1450.4	3.162
16				0.1	0.451	3E-04	4E-04	4E-04	0.0004	1450.4	3.162
17				0.2	0.451	4E-04	5E-04	5E-04	0.0005	1450.4	3.162
18				0.3	0.451	5E-04	6E-04	6E-04	0.0007	1450.4	3.162
19				0.4	0.451	7E-04	8E-04	8E-04	0.0009	1450.4	3.162
20				0.5	0.451	9E-04	1E-03	1E-03	0.0011	1450.4	3.162

図 4-15　NL モデルによる曲線作成

計算内容を示すと，まず初期菌数が図 4-15 のセル J15 に入ります．NL モデルを解くため，4 次ルンゲークッタ法を用います．なお，上記の解析プログラム（図 4-10）も同じ計算法です．その第 1 ステップでは，セル F16 において 1 単位時間前の値（セル J15）を使って，次のように書かれています．

```
=$B$9*$E16*J15*(1-(J15/$C$10)^$F$9)*(1-($D$9/J15)^$G$9)
```

第 2 ステップのセル G16 では 1 単位時間前の値（セル J15）と第 1 ステップの値（セル F16）から次のような計算式となります．

```
=$B$9*$E16*(J15+F16/2)*(1-((J15+F16/2)/$C$10)^$F$9)*
    (1-($D$9/(J15+F16/2))^$G$9)
```

第 3 ステップでは 1 単位時間前の値（セル J15）と第 2 ステップの値セル（G16）から計算されています．

```
=$B$9*$E16*(J15+G16/2)*(1-((J15+G16/2)/$C$10)^$F$9)*
    (1-($D$9/(J15+G16/2))^$G$9)
```

第 4 ステップでは 1 単位時間前の値（セル J15）と第 3 ステップの値セル（H16）から計算されています．

```
=$B$9*$E16*(J15+H16)*(1-((J15+H16)/$C$10)^$F$9)*
    (1-($D$9/(J15+H16))^$G$9)
```

最後の第 5 ステップでは，1 単位時間前の値（セル J15）と第 1 から第 4 ステップまでの値から計算されます．

```
=J15+(F16+2*G16+2*H16+I16)/6
```

この操作が時間に沿って繰り返されます．

このプログラムでは上述のように，コピー・ペーストを用いて，反復計算を推定期間中，自動化させます．コマンドボタンを押すと，操作が始まります．このボタンのコードをプログラム 4-1 に示します．観測時間 prd と時間間隔 intv を各セルから得た後，両者から反復計算回数 w を求め，その回数分コピー・ペーストを繰り返します．ボタン操作を無くし，最初から必要な時間分の計算式をシート上に記述してもできます．

プログラム 4-1 NL モデルによる曲線作成プログラム

```
Private Sub CommandButton1_Click()
    Dim intv As Double
    Dim prd As Double
    Dim w As Double

    intv = Cells(9, 2)
    prd = Cells(7, 2)
    w = prd / intv

    Range(Cells(17, 4), Cells(20 + 10 * w, 11)).Clear
    For m = 1 To w - 1
    Range(Cells(16, 4), Cells(16, 11)).Copy
    Range(Cells(16 + m, 4), Cells(16 + m, 11)).Select
    ActiveCell.PasteSpecial
    Next m

    Cells(1, 1).Select
    Cells(1, 1).Delete

End Sub
```

Function プロシージャーを用いる方法でもコマンドボタンを使います．4 次のルンゲークッタ法も同じですが，途中の計算は Excel シート上に表されずに，各時間ステップでの菌数のみが表され，それを使ってグラフが描かれます．コマンドボタンのコードをプログラム 4-2 に示します．ここではステップ数 m を固定し，観測時間から時間間隔 intv を求めます．ルンゲークッタ法は s1，s2，s3，s4 および s で計算されます．そこで用いられる関数（ここでは grw）が Function として最後に定義されています．

プログラム 4-2　NL モデルによる曲線作成プログラム（Function プロシージャー）
Ex4-7

```
Private N0 As Integer  'N0 only
Private Nmax, Nmin As Double
Private r, MM, NN As Double
Private per As Double

Private Sub CommandButton1_Click()

Dim intv As Double:  Dim per As Double
Dim N As Double: Dim Ni As Single
Dim N0 As Double: Dim m As Integer

m = 400    'step number
Range(Cells(50, 4), Cells(50 + m * 2, 5)).Clear
p = 0: q = 0: r = 0

N0 = Cells(8, 2).Value 'initial conc
Nmax = Cells(9, 2).Value
Nmin = (1 - 10 ^ -6) * N0
r = Cells(3, 2).Value   'rate const
MM = Cells(10, 2).Value
NN = Cells(11, 2).Value
per = Cells(13, 2).Value  'period(hr)

intv = per / m 'interval(hr)

Ni = Log(N0) / Log(10)
Cells(50, 4).Value = 0: Cells(50, 5).Value = Ni

N = N0

For i = 1 To m
s1 = intv * grw(x, N)
s2 = intv * grw(x + intv / 2, N + s1 / 2)
s3 = intv * grw(x + intv / 2, N + s2 / 2)
s4 = intv * grw(x + intv / 2, N + s3)
s = (s1 + 2 * s2 + 2 * s3 + s4) / 6
N = N + s
CN = Log(N) / Log(10)
Cells(50 + i, 4) = intv * i: Cells(50 + i, 5).Value = CN
Next i
Cells(1, 1).Select
End Sub
```

```
Function grw(x, N)
grw = r * N * (1 - (N / Nmax) ^ MM) * (1 - (Nmin / N) ^ NN)
End Function
```

Function プロシージャーを使った操作は，Excel シート上で数値計算をする方法に比べると，計算速度は非常に速くなります．操作方法は，図 4-13 の解析結果をコピーした後，**図 4-16** 左側の表にペーストし，その下の観測時間 Period を入力後，ボタンを押します．その計算結果による曲線が図 4-16 の右側のグラフに表れます．

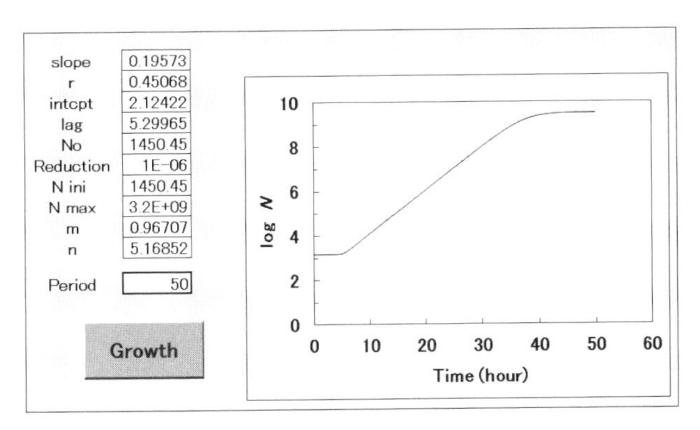

図 4-16　NL モデルによる曲線作成プログラム（Function プロシージャー）

本モデルでフィッティングし，計算した菌数と Bar モデルによる菌数とはよく一致します．上述した大腸菌増殖の例では，本モデルによる増殖曲線と Bar モデルによる曲線はほとんど重なります（**図 4-17**）．参考に図 4-9 の Gom モデルによる曲線と比べてください．

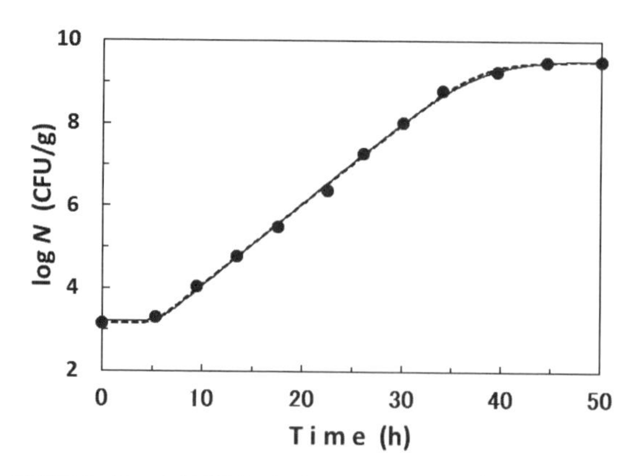

図 4-17　NL モデルと Bar モデルによるフィッティング
点線は NL モデル，実線は Bar モデルによる増殖曲線を示します．点は実測値を表します

引用文献

1）H. Fujikawa, et al.（2006）*J. Food Hyg. Soc. Jpn.*, 47, pp.95-98.

2）H. Fujikawa, et al.（2006）*J. Food Hyg. Soc. Jpn.*, 47, pp.115-118.

第5章 環境要因モデル

微生物増殖曲線は，これまで示したように一般にS字状曲線を描きますが，個々の増殖曲線のラグタイムの長さ，対数期の傾き，最大到達菌数などは，環境要因あるいは菌種などによって異なります．そのような曲線形状の特徴は，解析する増殖基本モデルのパラメーター値として表されます．環境要因によるパラメーター値の変化を表すモデルを「環境要因モデル」とよびます．基本モデルには，通常複数のパラメーターがあるため，各パラメーターについて環境変化に対応するモデルが必要となります．

代表的な環境要因モデルの例として，各種温度での速度定数を表す平方根モデル，アレニウスモデルがあります．また，複数の環境要因を変化させた場合は，多項式モデルなどが使われます．しかし，どの環境要因モデルでも適用できる範囲があります．すなわち，実測した環境要因範囲内ではモデルによるパラメーター値の推定ができますが，逸脱した（実測していない）範囲の推定値は保証ができないので，注意が必要です．

5.1　温度と増殖速度

温度は微生物増殖に最も影響を及ぼす物理的要因です．増殖速度はその速度定数で決まり，速度定数の温度依存性を表すためにアレニウスモデルあるいは平方根モデルが一般に使われています．例として，第4章で使用した各種定常温度（12℃～34℃）でのマッシュポテト中の大腸菌の増殖データを用いて解析をします[1, 2]．測定データの一部を**図5-1**に示します．この図には，4つの温度下での実測値と新ロジスティックモデルによるフィッティング結果を示しました．

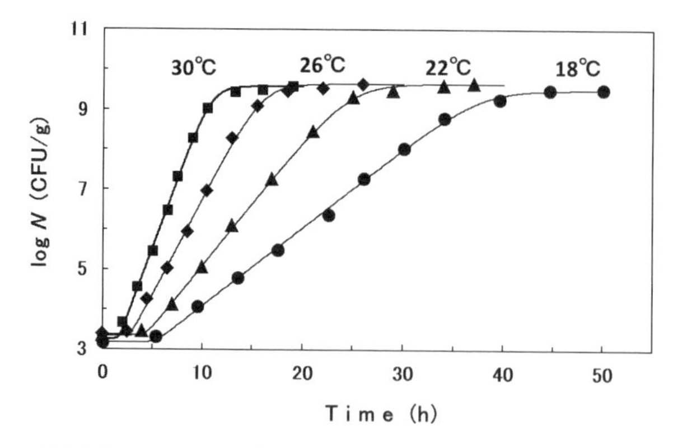

図 5-1　マッシュポテト中での大腸菌増殖曲線データ

温度によって対数期の傾き（速度定数）が異なる一方，最大菌数は一定であることがわかります．これらのデータを NL モデルによる解析プログラムで解析すると，**図 5-2** のようにまとめられます．

	A	B	C	D	E	F	G
1		E.coli growth					
2							
3	Temp	1/T	r	lag	ln r	root r	r * lag
4	12	0.0035	0.1844	9.6252	−1.691	0.42942	1.7749
5	14	0.0035	0.2316	12.643	−1.463	0.48125	2.9281
6	18	0.0034	0.4507	5.2997	−0.797	0.67134	2.3886
7	22	0.0034	0.7137	4.3843	−0.337	0.84481	3.1291
8	24	0.0034	0.8305	2.4075	−0.186	0.91132	1.9994
9	26	0.0033	1.1002	2.912	0.0955	1.0489	3.2038
10	28	0.0033	1.3887	1.6985	0.3284	1.17843	2.3587
11	30	0.0033	1.5875	1.7231	0.4622	1.25996	2.7354
12	32	0.0033	1.8951	1.8772	0.6393	1.37663	3.5575
13	34	0.0033	1.9404	1.3605	0.6629	1.39298	2.6399
14						Av	2.6715
15						SD	0.556
16							

図 5-2　マッシュポテトにおける大腸菌増殖の解析結果

ここで，A 列は温度（℃），B 列はその絶対温度（K）の逆数，C 列は速度定数 r の実測値，D 列はラグタイムの実測値です．E 列と F 列では r の自然対数値と平方根を計算し，G 列では Bar モデルで解析するために C 列と D 列の積を計算しています．

5.1.1 アレニウスモデル

アレニウスモデルは本来，化学反応における速度定数 r の温度 T に対する依存性を表すモデルですが，微生物増殖にも使われます．本モデルは次の式で表されます（**式 5-1**）．

$$\ln r = a - \frac{b}{T} \qquad \text{(式 5-1)}$$

ここで，ln は自然対数，a と b は係数です．T は絶対温度なので，摂氏の値に 273 度を加える必要があります．

上述した大腸菌増殖をアレニウスモデルに適用するため，図 5-2 の B 列と E 列の値を使います．その結果，**図 5-3** に示すプロットが得られます．

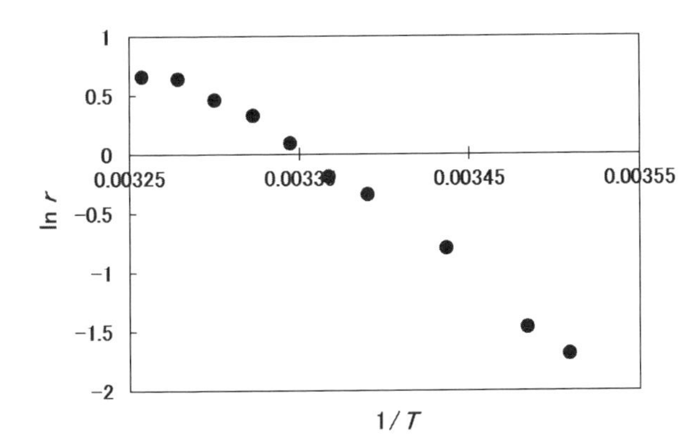

図 5-3　増殖速度定数のアレニウスプロット

次に，プロットした実測点について回帰曲線を得るため，Excel でグラフを選択後，「グラフツール」から「レイアウト」をクリックし，「近似曲線」から「線形近似曲線」を選びます．さらに，オプションから数式と R-2 乗値を選ぶと，**図 5-4** のような近似曲線が得られます．

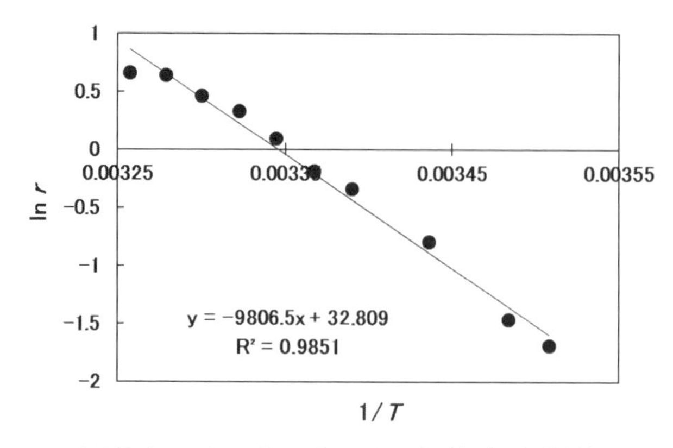

図 5-4　アレニウスプロットの解析（近似曲線）

図中の数式は，得られた直線の式です．変数 x は $1/T$，y は $\ln r$ ですから，次のアレニウス式が得られます（**式 5-2**）．

$$\ln r = -9806.5 \times \frac{1}{T} + 32.809 \qquad (式 5\text{-}2)$$

この式を用いると，ある温度 T に対する r の値が得られます．

5.1.2　平方根モデル

平方根モデルは元来，日本で最初に発表された魚体の成長モデルです．微生物増殖においても実測値とのフィットはよく，次の式で表されます（**式 5-3**）．

$$\sqrt{r} = c(T - T_{\mathrm{min}}) \qquad (式 5\text{-}3)$$

ここで，T_{min} は，増殖速度が 0 となる増殖最低温度であり，これ以下の温度では増殖できないとされる温度です．また，T の単位は摂氏です．実際に平方根モデルを先ほどの増殖データに適用してみましょう．図 5-2 の A 行と F 行のデータをプロットし，近似曲線作成の操作をすると，次の結果が得られます（**図 5-5**）．

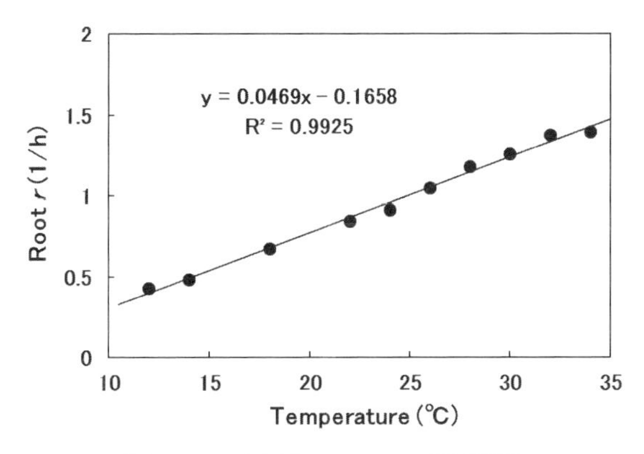

図 5-5　平方根モデルでの解析結果

図の近似解析結果から，次の関係式が得られます（**式 5-4**）．

$$\sqrt{r} = 0.0469(T - 3.535) \qquad \text{(式 5-4)}$$

この式を用いて，ある温度 T に対する r の値が得られます．

5.2　複数の環境要因

基本増殖モデルのあるパラメーターが単独あるいは複数の環境要因の影響を受けている時，それを表すモデルとして，多項式モデルがしばしば使われます．多項式モデルも理論から導き出されたモデルではなく，あくまで実測値をうまくフィッティングさせるために作られたモデルです．

環境要因が 1 種類の場合をまず説明します．例として，牛ひき肉中に各種濃度で接種したサルモネラ増殖（保存温度：24 ℃）を示します[3]（**図 5-6**）．牛肉を汚染していた自然微生物叢（初期汚染濃度：5.7 log CFU/g）と接種したサルモネラとの競合により，サルモネラの初期菌数 I（log CFU/g）が低いほどその最大到達菌数 $N_{\max}$（log CFU/g）も低い傾向がみられます．図中の各増殖曲線は NL モデルを用いて描きました．一方，ラグタイムの長さと対数期の傾きはどの曲線もほぼ同じであることがわかります．

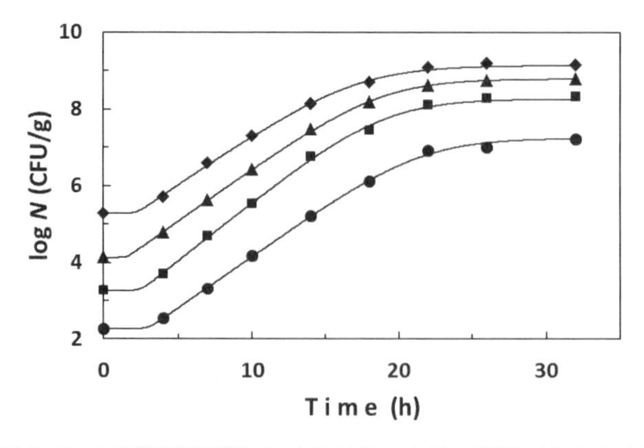

図 5-6　各種初期濃度におけるサルモネラの増殖（牛ひき肉）

各初期菌数 I に対する最大到達菌数 N_{max} をプロットすると，**図 5-7** の黒点のように表されます [3)]．両者の関係を多項式で表すことができます．たとえば，N_{max} を I の 3 次関数として表すと，次の式になります（**式 5-5**）．

$$N_{\mathrm{max}} = a_1 I^3 + a_2 I^2 + a_3 I + a_4 \qquad \text{(式 5-5)}$$

ここで，a_1，$\cdots$，a_4 は係数です．多項式モデルで次数をいくつにするかは，実測値との誤差によりますが，できるだけ低い次数のほうが AIC（第 1 章参照）を考えるとよいでしょう．

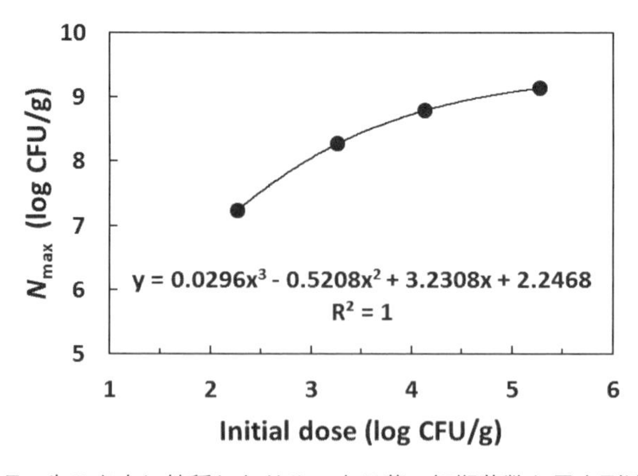

図 5-7　牛ひき肉に接種したサルモネラ菌の初期菌数と最大到達菌数

この 3 次式の各係数は，Excel の「近似曲線」の機能を使って求められます．アレニウスモデルで説明したように，「近似曲線のオプション」を選び，**図 5-8** に示すように 3 次の多項式を選びます．また，ここで数式および R-2 乗値を表示させます．

図 5-8 多項式による近似曲線

その結果，次の式が得られます（**式 5-6**）．式 5-6 を使うと，この範囲内にある I の値から $N_{\max}$ を推定できます．

$$N_{\max} = 0.0296I^3 - 0.521I^2 + 3.23I + 2.25 \quad \text{(式 5-6)}$$

多項式モデルは複数の環境要因に対しても有効です．例として，上の牛肉の例で各種のサルモネラ初期濃度 I と温度 T で保存した場合のサルモネラの $N_{\max}$ を測定し，それを I と T の 3 次の多項式で表すと次のようになります [4]（**式 5-7**）．

$$N_{\max} = a_1T^3 + a_2I^3 + a_3T^2I + a_4TI^2 + a_5T^2 + a_6TI + a_7I^2 + a_8T + a_9I + a_{10} \quad \text{(式 5-7)}$$

このように，3 次の多項式では，I と T の組み合わせによって合計 10 個の項ができます．ここで a_1，a_2，$\cdots$，a_{10} は係数です．$N_{\max}$ の実測値との誤差が最少となるように，これらの各係数の最適値を決めればよいわけです．その結果を次の式に示します（**式 5-8**）．

$$N_{\max} = 1.32 \times 10^{-6}T^3 + 4.21 \times 10^{-4}I^3 - 3.86 \times 10^{-7}T^2I + 1.81 \times 10^{-5}TI^2 + 2.72 \times 10^{-3}T^2 + 9.22 \times 10^{-4}TI + 8.3 \times 10^{-4}I^2 + 6.47 \times 10^{-4}T + 5.72 \times 10^{-1}I + 4.73 \qquad \text{(式 5-8)}$$

この多項式はソルバーを使って得ることができます（**図 5-9**）．各種の I と T で保存した場合のサルモネラ菌の $N_{\max}$（log CFU/g）を測定すると，図中の表 A に示す結果が得られます．B 列は温度を，3 行目は初期（接種）濃度を示します．次に，多項式 5-7 の係数 a_1 から a_{10} までを入れるセル（B12 から K12 まで）を指定します．ただし，各セルにはまだ何も数値は入っていません．次に，その下に表 B に示すように，初期菌数と温度に対応して，B12 から K12 までの係数の値を使った多項式 5-7 の式を各セルに入れます．たとえば，セル D17 には $I = 3.26528$，$T = 19.7$ での式を入れます．実際には次のような式となります（**式 5-9**）．

```
=$B$12*$B17^3+$C$12*D$15^3+$D$12*$B17^2*D$15+
  $E$12*$B17*D$15^2+$F$12*$B17^2+$G$12*$B17*D$15+
  $H$12*D$15^2+$I$12*$B17+$J$12*D$15+$K$12
```
(式 5-9)

次に，表 C では，表 A と表 B の各セルで実測値と多項式の推定値との誤差を計算します．たとえば，セル D22 では $I = 3.26528$，$T = 19.7$ での両者の誤差を計算します．最後に，これらの誤差の平均を求めます（セル C26）．これを最小にする各係数値を求めればよいわけです．

次にソルバーによる解析をします．Excel の「データ」からソルバーを選びます．目的セルは誤差の平均を示すセル C26 を選び，目標値は「最小値」とし，変数セルは各係数の入った図 5-9 の B12 から K12 までを指定します．今回は特に「制約条件」は入れていません．これで，解決のボタンを押すと，瞬時に最適な係数値が得られます．

A

Temp	Initial dose 2.2301	3.26528	4.16461
15.9	6.77692	7.38358	7.90399
19.7	7.12764	7.78693	8.67685
23.8	7.23927	8.26995	8.79029
27.7	8.3127	9.15818	9.00896

$$N_{\max}=a_1T^3+a_2I^3+a_3T^2I+a_4TI^2+a_5T^2+a_6TI+a_7I^2+a_8T+a_9I+a_{10}$$

a1	a2	a3	a4	a5	a6	a7	a8	a9	a10
1.3E-06	0.00042	-4E-07	1.8E-05	0.00272	0.00092	0.00083	0.00065	0.572	4.728

B

Temp	Initial dose 2.2301	3.26528	4.16461
15.9	6.75003	7.37349	7.92413
19.7	7.13355	7.76097	8.31517
23.8	7.63802	8.2697	8.82774
27.7	8.20571	8.84144	9.40312

C

error			
	0.02689	0.01009	0.02014
	0.00591	0.02596	0.36168
	0.39875	0.00025	0.03745
	0.10699	0.31674	0.39416
Av	0.14208		

図 5-9 各種の初期濃度と温度下のサルモネラの $N_{\max}$ に関する実測値と推測値

牛ひき肉中のサルモネラ初期汚染濃度 I と保存温度 T を式 5-8 に代入すると，その条件下での最大菌数 $N_{\max}$ を推定できます．式 5-8 を I と T に関して 3 次元グラフに表すと**図 5-10** のようになります[4)]．I または T が高いほど，$N_{\max}$ の値も高い傾向がみられます．

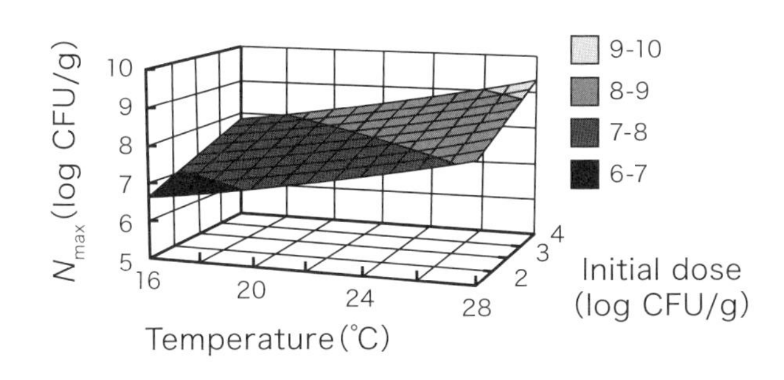

図 5-10 各種の I と T に対するサルモネラの $N_{\max}$ の推定値

なお，複数の環境要因に関するモデルは前述した平方根モデルを拡張して作ることもできますが，一般的ではないので，ここでは割愛します．

引用文献

1）H. Fujikawa, et al.（2006）*J. Food Hyg. Soc. Jpn.*, 47, pp.95-98.
2）H. Fujikawa, et al.（2006）*J. Food Hyg. Soc. Jpn.*, 47, pp.115-118.
3）I. I. Sabike, et al.（2015）*Biocont. Sci.*, 20, pp.185-192.
4）H. Fujikawa, et al.（2015）*Biocont. Sci.*, 20, pp.215-220.

第6章 増殖予測とその応用

6.1 変動温度下の増殖予測

これまで解説してきた基本モデルと環境要因モデルを組み合わせて，微生物の増殖を予測（prediction）できます．ここでいう予測とは，時間として未来の事象を予言するというよりも，これまでにない新しい環境要因条件の下で微生物増殖（菌数）を推定することです．環境要因の代表例は温度です．ここでは基本モデルとしてバラニー（Bar）モデルと新ロジスティック（NL）モデルを使い，環境要因モデルとして温度に関しては平方根モデルあるいはアレニウスモデルを用いて予測します．食品の温度は保存中時間とともに変動するため，食品汚染微生物の増殖を予測することは，食品の衛生および品質を管理する上で実用的な価値があります．なお，実測温度が瞬時に連続して得られるシステムがあれば，微生物増殖はリアルタイムで予測できます．

6.1.1 バラニーモデルによる増殖予測

本モデルによる増殖予測を Bar モデルの微分型を使って行います．すなわち，モデル中のパラメーター値を決定し，微分方程式を時間に従って解きます．解法は前述した 4 次のルンゲークッタ法を用いた数値計算をします．

ここでは，前章でも取り上げた滅菌マッシュポテト中における大腸菌の各種定常温度（12 ℃～34 ℃）での増殖実測データを基に変動温度下での本菌の増殖を予測してみましょう[1, 2]．図 5-1 にみられるように，各種定常温度下で変化するパラメーターは，対数期の傾き（r または $\mu_{\max}$）が温度とともに変化しますが，定常期の $N_{\max}$ は一定です．Bar モデルでは，前述したように，ある微生物増殖において r と lag の積は温度によらず一定という前提があります．実測値では，**図 6-1**（図 5-2 の再掲）の G 列に示すように温度によるばらつきはありますが，一定と仮定します．

	A	B	C	D	E	F	G
1		E.coli growth					
2							
3	Temp	1/T	r	lag	ln r	root r	r * lag
4	12	0.0035	0.1844	9.6252	−1.691	0.42942	1.7749
5	14	0.0035	0.2316	12.643	−1.463	0.48125	2.9281
6	18	0.0034	0.4507	5.2997	−0.797	0.67134	2.3886
7	22	0.0034	0.7137	4.3843	−0.337	0.84481	3.1291
8	24	0.0034	0.8305	2.4075	−0.186	0.91132	1.9994
9	26	0.0033	1.1002	2.912	0.0955	1.0489	3.2038
10	28	0.0033	1.3887	1.6985	0.3284	1.17843	2.3587
11	30	0.0033	1.5875	1.7231	0.4622	1.25996	2.7354
12	32	0.0033	1.8951	1.8772	0.6393	1.37663	3.5575
13	34	0.0033	1.9404	1.3605	0.6629	1.39298	2.6399
14						Av	2.6715
15						SD	0.556
16							

図 6-1　マッシュポテトにおける大腸菌増殖の解析結果（図 5-2 の再掲）

実際の変動温度下での増殖予測をしてみましょう．まず増殖速度を決める細胞内物質の濃度 Q は単純な指数関数であるため，時刻 t におけるこの物質の濃度 $Q(t)$ は次の式で表されます（**式 6-1**）．

$$Q(t) = Q_0 e^{rt} \quad \text{(式 6-1)}$$

ここで，Q_0 は Q の初期値（時間 0 での値）です．Q_0 の値が得られたならば，式 6-1 を使って次の時間ステップでの Q を求められます．さらに次の時間ステップではこの値を Q_0 として Q を求めます．この操作を測定時間全体にわたって繰り返します．

式 6-1 を解くためには，まず Q_0 を求める必要があります．Bar モデルでは定義から次の関係式があります（(**式 6-2**，**式 6-3**)．

$$h_0 = -\ln \alpha_0 \quad \text{(式 6-2)}$$

$$\alpha_0 = \frac{Q_0}{1 + Q_0} \quad \text{(式 6-3)}$$

ここで，h_0 はラグタイム lag と増殖速度定数 r の積です．今回の大腸菌増殖の場合は，図 6-1 の G 行の各種温度での平均値（セル G14）を用います．この値から式 6-2 の関係を使って α_0 が計算できます．すなわち，式 6-2 より，**式 6-4** が得られ，この左辺に h_0 の値を代入します．

$$\alpha_0 = \exp(-h_0) \quad \text{(式 6-4)}$$

次いで α_0 の値から式 6-3 の関係を用いて Q_0 を求めることができます．式 6-3 から次の式が導かれ（**式 6-5**），左辺に α_0 の値を代入します．

$$Q_0 = \frac{\alpha_0}{1 - \alpha_0} \quad \text{(式 6-5)}$$

こうして得られた Q_0 の値から，式 6-1 を用いて時刻 t での $Q(t)$ が計算できます．さらに，その値を Bar モデルの**式 6-6** に代入し，この式を解いて菌数 $N(t)$ を計算できます．式 6-6 は，前述した 4 次のルンゲ－クッタ法で解くことができます．ここで p の値は通常 1 とします．

$$\frac{dN}{dt} = \mu_{\mathrm{max}} \frac{Q}{1 + Q} \left\{ 1 - \left(\frac{N}{N_{\mathrm{max}}} \right)^p \right\} N \quad \text{(式 6-6)}$$

変動温度下での増殖予測をするため，菌数 N の初期値は実測値を用います．N_{max} は滅菌マッシュポテト中での各種定常温度でほとんど一定であるので，実測値の平均 ($10^{9.5}$) を用います．本モデル中の μ_{max} の値は，各時刻の温度によって変化するので，環境要因モデルを使って推定します．ここでは平方根モデルを用います．

対象食品の温度（中心温度）は一定時間間隔ごとに測定し，その時間間隔を数値計算の時間間隔とします．Excel ファイルを開き，**図 6-2** に示す A 列と B 列にそれぞれ時刻とその時の温度を入力します．実際にはデジタル温度計で測定した結果を貼り付けます．

	A	B	C	D	E	F	G	H	I	J	K	L	M	N
1	Runge–Kutta for Baranyi													
2					myu*lag									
3				SQroot	2.6715									
4			N_0	slope	Alpha zero					Start				
5			1605	0.0469	0.0691								RMSE	
6		intv (hr)	N_{max}	intcpt	Q0	p							0.2343	
7		0.0083	######	−0.166	0.0743	1								
8														
9	Time	Temp	myu max	Q		k1	k2	k3	k4	N	log N	Msd	SE	SD
10	0	17.2	0.4107	0.07428						1605	3.2055	3.2055		0.0243
11	0.008	17.9	0.4539	0.07457		######	######	######	######	######	3.2056			
12	0.017	18.6	0.4992	0.07488		######	######	######	######	######	3.2057			
13	0.025	19.1	0.5329	0.07521		######	######	######	######	######	3.2058			
14	0.033	19.6	0.5677	0.07557		######	######	######	######	######	3.206			

No.	hr	log N	SD
0	0	3.205	0.024
1	12.55	5.583	0.021
2	14.88	6.36	0.03
3	16.88	7.068	0.057
4	18.88	7.689	0.034
5	20.88	8.438	0.051
6	22.88	8.785	0.019
7	37.15	9.54	0.018

図 6-2　Bar モデルによる大腸菌増殖予測計算　Ex6-1

この図でセル B7 には時間間隔（ここでは 5 分間なので $5/60 = 0.00833\cdots$）を入れ，セル C5 と C7 には初期菌数と最大到達菌数を入力します．セル D5 と D7 には第 5 章で求めた平方根モデルの傾きと切片の値を入れます．セル E3 に前述した積の平均値を入れると，セル E5 で α_0 が計算され，次いでセル E7 では Q_0 が計算されます．この初期値がセル D10 に置かれます．各時刻（A 列）での温度（B 列）から平方根モデルを使って $\mu_{\max}$ の値（C 列）が計算され，その値から Q の値（D 列）が得られます．

次に，その Q の値を使って式 6-6 に従って各時刻での菌数が計算されます．F 列から J 列までが 4 次のルンゲ－クッタ法を使った数値計算で，J 列が求める予測菌数です．K 列でその菌数を常用対数に変換します．

実測した菌数データを Excel シートに入力します．P 列から R 列に時間，菌数（対数値），その標準偏差をそれぞれ入力します．次に，測定時間に沿って実測菌数を L 列に，その標準偏差を N 列に配置します．これを手動で配置するのは非常に時間がかかるので，自動化したコマンドボタンが図中の Start ボタンです．配置後，実測値と予測値の誤差 $RMSE$ がセル M6 に計算されます．

このようにして変動温度下で Bar モデルによって予測した菌数を**図 6-3** に表します．実測値（黒丸）に対して全体的にやや高い値ですが，良い予測結果が得られています．誤差 $RMSE$ は 0.2343（log）です（セル M6）．

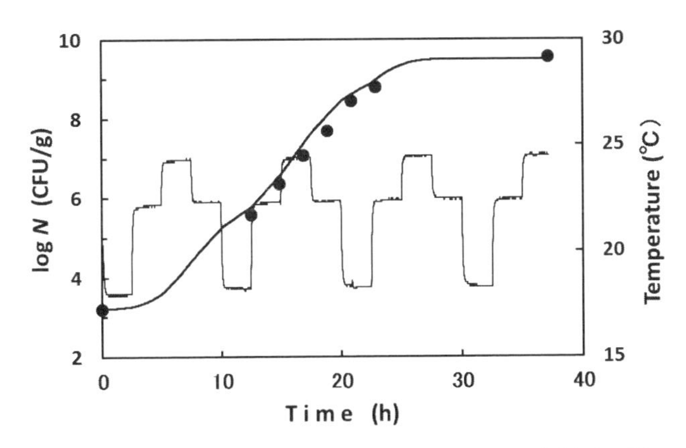

図 6-3　Bar モデルによる変動温度下での大腸菌増殖予測
周期的に変動する曲線は実測温度を示します

6.1.2　新ロジスティックモデルによる増殖予測

次に，同じ温度条件下で NL モデルによる増殖予測をしてみましょう．Excel ファイルを開き，**図 6-4** に示すように，B 列には測定時刻，C 列には測定時間を入力します．D 列では平方根モデルによって各時刻での測定温度から k の値が計算されます．その値を使って E 列から I 列にわたって 4 次のルンゲ−クッタ法で数値計算をします．J 列で得られた I 列の菌数を対数に変換します．図中の Start ボタンは，Bar モデルの Excel シートと同様に，右上の測定データを K 列と L 列に自動的に配置するものです．配置後，実測値と予測値の誤差を計算します（セル M6）．なお，m と n は温度による値の変動がみられないので，測定した定常温度での平均値 0.8638 および 4.314 を使います．最大到達菌数 $N_{\max}$ は Bar モデルと同様，定常温度での平均値（$10^{9.5}$）を用いています．

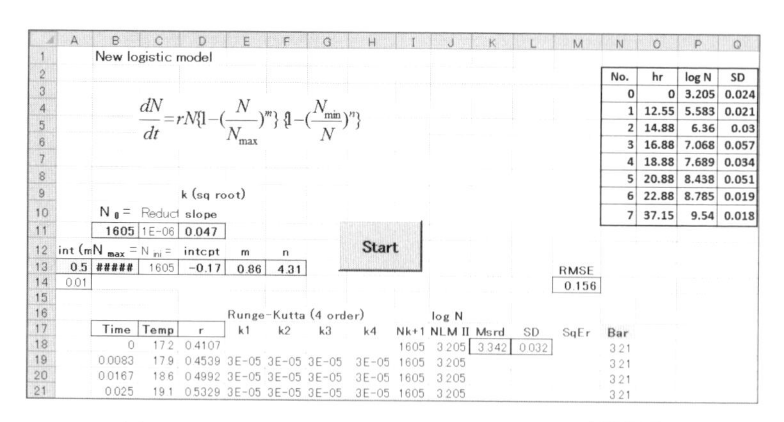

図 6-4　NL モデルによる大腸菌増殖予測計算 Ex6-2

このようにして本モデルで計算された予測値と実測値を比較すると，**図 6-5** のように表されます．参考として，前述した Bar モデルによる予測曲線も示しました．その結果，この大腸菌増殖において，NL モデルによる予測は非常に精度が高いことがわかります．この例で本モデルによる $RMSE$ は 0.1562（log）です．また，両モデルによる予測値の差は非常に小さく，詳細にみると対数増殖期初期において NL モデルが Bar モデルよりわずかに低い予測値を示します．この傾向はその他の微生物増殖でもみられます．

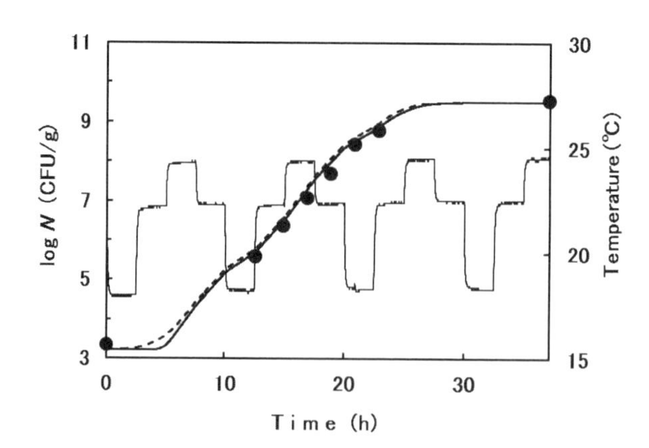

図 6-5　NL モデルによる変動温度下での大腸菌増殖予測
実線は NL モデル，点線は Bar モデルによる予測曲線を示し，周期的に変動する曲線は実測温度を示します

増殖速度定数 $\mu_{\max}$ あるいは k の値をここでは平方根モデルで求めましたが，アレニウスモデルでも可能です．その場合，Bar モデルでは図 6-2 のセル D5 と D7 にアレニウスモデルのパラメーター値を入力し，C 列の計算式をアレニウスモデルに変えればよいわけです．NL モデルでも図 6-4 に示すようにセル D11 および D13 の値を変え，D 列の計算式をアレニウス式に変更します．関心のある読者はアレニウスモデルを用いて，予測してみてください．

6.2 食品内部温度と微生物増殖の予測

食品の温度はその部位によって異なり，また常に周囲温度の影響を受けます．一般に，固体（食品）の内部温度は 3 次元の熱伝導式（**式 6-7**）で表すことができます．

$$\frac{\partial T}{\partial t} = A\left(\frac{\partial^2 T}{\partial x^2} + \frac{\partial^2 T}{\partial y^2} + \frac{\partial^2 T}{\partial z^2}\right) \tag{式 6-7}$$

A は熱拡散率で，x，y，z は 3 次元の座標を示します．なお，食品の形が円筒形の場合は極座標を使って表すこともできます．

初期条件（時間 0 における食品各部位の温度）および境界条件（各時間での表面温度）がわかれば，熱伝導式は時間に沿って解くことができます．その結果，この式によってある時間のある内部の点での温度が推定できます．しかし，変化する周囲温度から食品の表面温度を推定し，境界条件を推定するのは実際には非常に難しいため，著者らは冷蔵した食品（ステンレス皿上の生ハンバーグパテ）を各種周囲温度に暴露した場合を考えました[3)]．食品を微小立方体で表し，各種周囲温度下でのパテの表面および内部の温度を測定します（**図 6-6**）．その結果，代表的な 2 点（上面および底面の各中心点）とその他の測定点での表面温度差データを用いて，表面各点での温度を高い精度で推定できます．また，熱伝導式（式 6-7）の熱拡散率の実効値は実測温度データから推定できます．

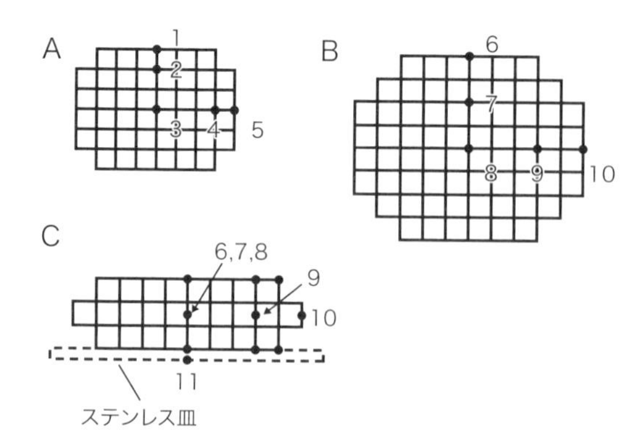

図 6-6 ステンレス皿上のハンバーグパテに構築した3次元直交座標と測定点
ハンバーグパテを1辺5 mmの微小立方体で表します．AおよびBは平面図，Cは断面図です．番号は温度測定をした点を示します．なお，上層と下層は同じ形状と大きさです

推定した表面温度を境界条件とし，上記の熱伝導式を使って食品内部温度を推定できます．実際の数値計算はクランク－ニコルソンの方法を使います．この例ではパテを3層に分け，その各層中心点の温度を予測した結果，熱伝導の速いステンレス皿と接触している下層での温度上昇が最も速く，中間層での温度上昇が最も遅くなります(**図 6-7**A)．

さらに，食品各点で推定した温度履歴に従って増殖モデルを用いて，その点での微生物増殖を予測できます．例として，図6-7Aの3点での温度変化に対して，大腸菌増殖を予測した結果が図6-7Bです[4]．ここで，各立方体の初期汚染菌濃度は1×10^3 cell/cm^{3}とし，増殖予測には著者らの微生物データおよびNLモデルを使いました．

このように，食品の温度推定プログラムと微生物増殖モデルとを組み合わせると，周囲温度から食品の各点での微生物増殖が推定できます．これを発展させると，食品中の微生物濃度がある値以上に達した時点で警告を告げるアラームシステムの開発を将来考えることができます．

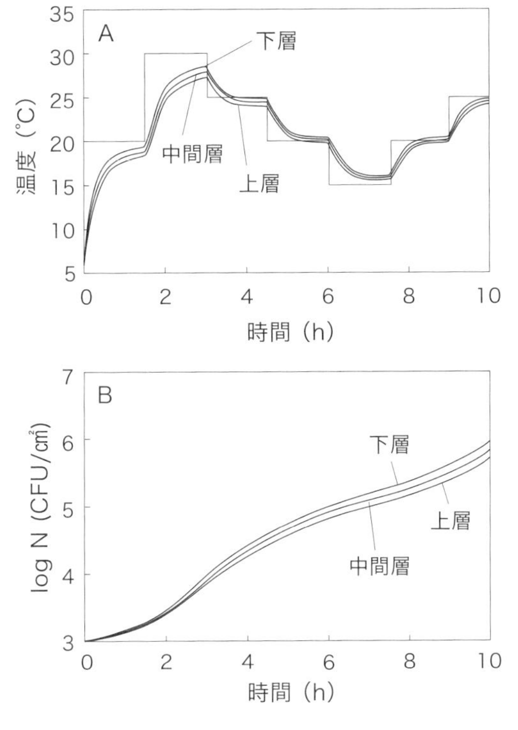

図 6-7 変動温度に暴露したハンバーグパテ内の温度と大腸菌増殖の推定
A. 図 6-6C の上中下各層の中心点での温度予測．階段状曲線は設定した周囲温度を表します．
B. 各層中心点での大腸菌増殖予測

引用文献

1) H. Fujikawa, et al.（2006）*J. Food Hyg. Soc. Jpn.*, 47, pp.95-98.
2) H. Fujikawa, et al.（2006）*J. Food Hyg. Soc. Jpn.*, 47, pp.115-118.
3) H. Fujikawa and Y. Kano.（2008）*Food Sci. & Tech. Res.*, 14, pp.111-116.
4) H. Fujikawa and Y. Kano.（2009）*Food Sci. & Tech. Res.*, 15, pp.127-132.

第7章 微生物間の競合

7.1 自然微生物叢との競合

これまでは，滅菌された培地あるいは食品中での単一種類の微生物増殖を解説してきました．しかし実際には，無菌状態の食品はレトルト食品，缶詰食品などに限られています．元来，野菜，果実，食肉，魚介類などの食品原材料は，それらが生産，漁獲された土壌，海（淡）水，大気あるいは家畜などに生息する多種類の微生物によって汚染されており，これを1次汚染とよびます．また，それらの微生物を自然微生物叢（Natural microflora）とよびます．また，食品原材料は，製造，加工，輸送，保管中に新たに微生物汚染を受けることがあり，それらを2次汚染とよびます．1次汚染を制御することは通常できませんが，2次汚染は人為的な汚染と考えられ，制御が可能です．

食品を汚染する微生物間の相互関係には，競合，共生，抑制などが考えられます．微生物は食品の汚染した部位で栄養分をできるだけ多く取り込んで増殖し，他の微生物よりも優位にその部位を占めようとする「競合」が最も一般にみられます．実際に，滅菌した食品と自然微生物叢に汚染された食品に対象微生物を接種し，その各増殖をみると，明らかに後者では増殖が抑制されます．例として，サルモネラ（血清型エンテリティデス）を自然微生物濃度の高い鶏ひき肉（$10^{6.8}$ CFU/g）と低い鶏ひき肉（$10^{4.7}$ CFU/g）に接種し，保存した場合の増殖結果を**図7-1**に示します[1]．ただし，用いた両試料に元来サルモネラによる汚染はありません．対照として滅菌鶏ひき肉にサルモネラ接種した結果も示します．

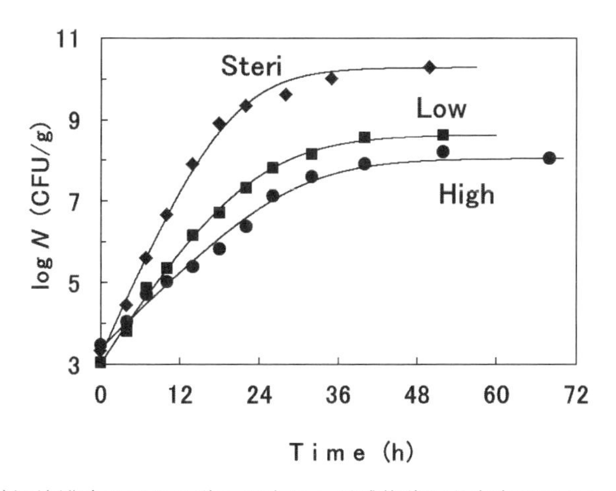

図 7-1 細菌汚染濃度の異なる鶏ひき肉および滅菌鶏ひき肉中でのサルモネラの増殖（24℃）
Steri, Low, High はそれぞれ滅菌，低濃度および高濃度汚染の鶏肉を示します．増殖曲線は NL モデルを用いて描いたものです

滅菌した鶏肉中でのサルモネラ増殖から，明らかに鶏肉中の自然微生物叢が本菌の増殖を抑制することがわかります．しかも，自然微生物濃度の高い鶏肉（high）のほうが，低い鶏肉（low）に比べて，サルモネラの増殖速度定数（対数期の傾き）と最大菌数が低く抑制されていることがわかります．

次に，自然微生物叢に汚染された食品あるいは食品原材料に異なった濃度の対象微生物を接種して保存した場合，初期濃度による増殖の差はあるのでしょうか．例として，先ほどの高濃度汚染の鶏肉中にサルモネラ（血清型エンテリティデス）を 4 種類の濃度で接種し，保存した結果を**図 7-2** に示します [1]．

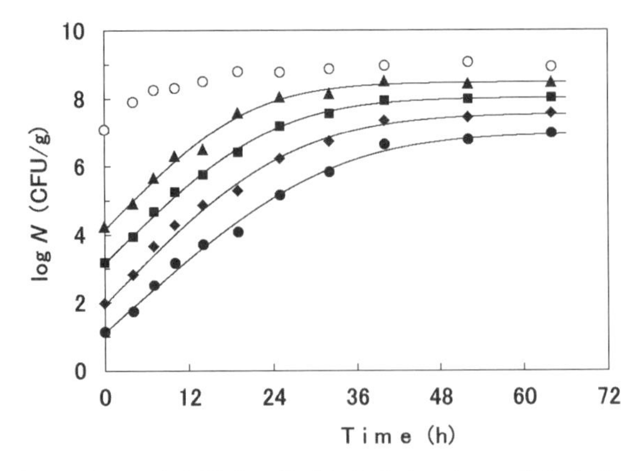

図 7-2 鶏ひき肉中に各種濃度で接種したサルモネラの増殖曲線（24℃）
白丸は細菌数を示します．増殖曲線は NL モデルを用いて描いたものです

図に示すように，サルモネラの増殖初期から対数期にかけて，初期濃度による差（ラグタイムの長さおよび増殖速度定数）はほとんど認められません．増殖の差は，増殖後期の最大菌数に大きく現れ，接種濃度が低いほど最大到達濃度も低くなります．これらの現象はその他の食品原材料でも認められます．前述した牛ひき肉中のサルモネラ増殖（図 5-6）をみてください．

以上のような食品中での自然微生物叢と対象微生物（サルモネラ）の競合関係を知った上で，対象微生物がどのように増殖するかを解析，予測してみましょう．手法はおもに 2 つ挙げられます．第 1 の手法は，これまで解説してきた基本増殖モデルと環境要因モデルから新しい環境条件下での対象微生物の増殖を予測します．ただし，微生物間の競合があるため，これまでよりも環境要因モデルがやや複雑になります．第 2 の手法は，増殖モデル内部に競合微生物に関する項を含んだ競合モデルによるものです．本書ではこの 2 つの手法について説明します．

7.2 基本増殖モデルによる増殖予測

7.2.1 一定初期濃度での増殖予測

前述したように，食品中の対象微生物の初期汚染濃度は，その増殖の大きな要因となります．最初に，初期濃度が一定の場合の鶏ひき肉中でのサルモネラ増殖について説明します．ここでは図 7-1 で解説した自然微生物叢濃度の異なる 2 種類の鶏ひき肉に，サルモネラ（血清型エンテリティデス）を一定濃度（10^3 CFU/g）で接種し，保存した例を示します．

各種の一定温度における鶏ひき肉中のサルモネラおよび自然微生物叢の増殖を

図 7-3 に示します [1]．ここでは低汚染鶏ひき肉での結果を示します．増殖データを NL モデルによる増殖解析プログラムで解析します．

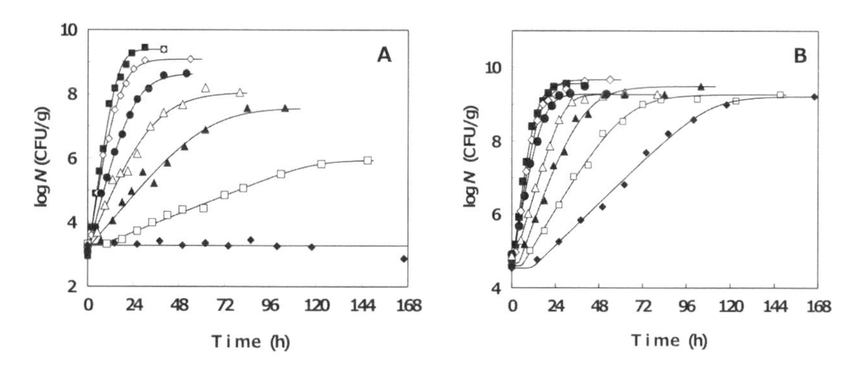

図 7-3　定常温度下で保存した鶏ひき肉中でのサルモネラ（A）および自然微生物叢（B）の増殖
■：32 ℃，◇：28 ℃，△：24 ℃，○：20 ℃，▲：16 ℃，□：12 ℃，◆：8 ℃
増殖曲線は NL モデルを用いて描いたものです

この結果から，自然微生物叢の最大菌数 N_{max} はいずれの温度でもほぼ一定ですが，サルモネラでは温度が低いほど N_{max} も低い傾向がみられ，サルモネラと自然微生物叢の増殖に明らかな違いがあることがわかります．これは自然微生物叢濃度の高い鶏肉でもみられます．これらの結果からサルモネラの定常温度での N_{max} は**図 7-4** に表されます [1]．

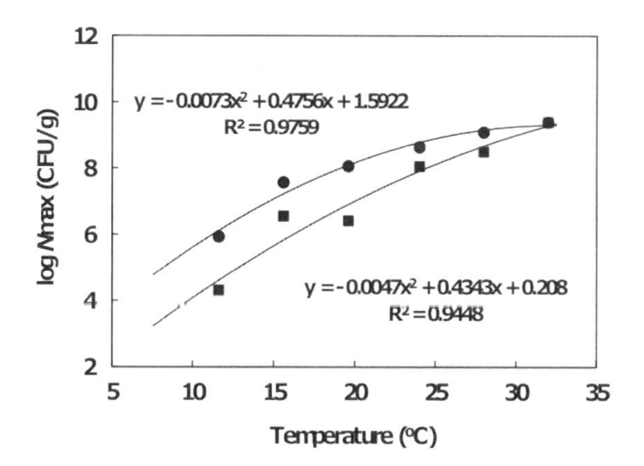

図 7-4　鶏ひき肉におけるサルモネラの最大到達菌数
●：低濃度汚染鶏肉，■：高濃度汚染鶏肉．
各数式は近似曲線（2 次式）を表します

この図に表されるように N_{max} (log) の値は温度の関数（ここでは2次式）として近似でき，次のような式で表すことができます（**式 7-1**，**式 7-2**）．
低汚染鶏肉では

$$N_{max} = -0.0073T^2 + 0.4756T + 1.5922 \quad \text{(式 7-1)}$$

高汚染鶏肉では

$$N_{max} = -0.0047T^2 + 0.4343T + 0.208 \quad \text{(式 7-2)}$$

一方，自然微生物叢では**図 7-5** に示すように両鶏肉ともに各温度でほぼ一定です[1]．しかもその値は等しく，平均値はともに $10^{9.4}$ CFU/g です．

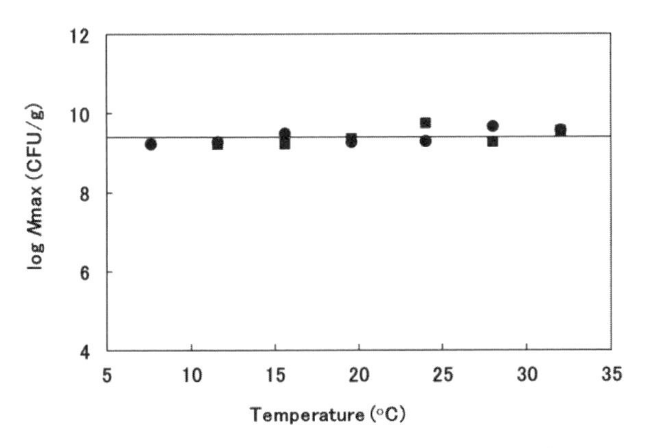

図 7-5　鶏ひき肉における自然微生物叢の最大到達菌数
●：低濃度汚染鶏肉（low），■：高濃度汚染鶏肉（high）
直線は平均値（$10^{9.4}$ CFU/g）を示します

各種温度での増殖速度定数 r は，サルモネラでは**図 7-6**A に表されるように，平方根モデルで高い直線性が認められます[1]．

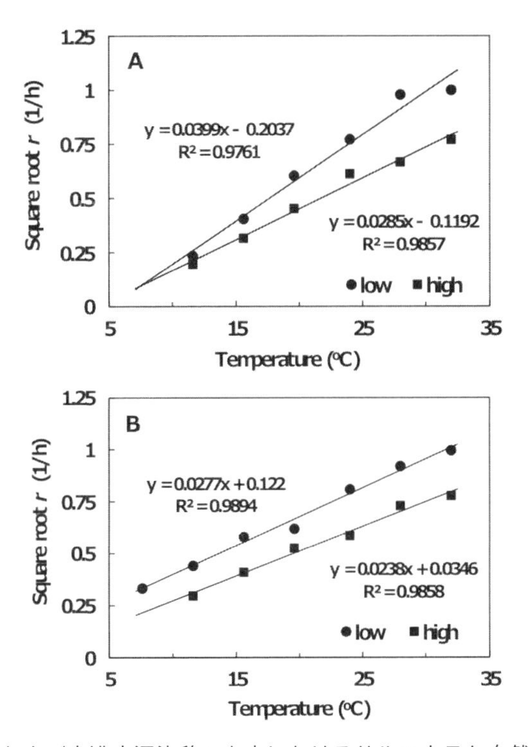

図 7-6 低濃度および高濃度汚染鶏ひき肉におけるサルモネラと自然微生物叢の増殖速度定数
A. サルモネラ，B. 自然微生物叢．low：低濃度汚染鶏肉，high：高濃度汚染鶏肉．各数式は近似曲線（1 次式）を表します

したがって，サルモネラについて温度 T での r の値は次のように表せます（**式 7-3**，**式 7-4**）．

低濃度汚染鶏肉：

$$\sqrt{r} = 0.0399T - 0.2037 \quad \text{(式 7-3)}$$

高濃度汚染鶏肉：

$$\sqrt{r} = 0.0285T - 0.1192 \quad \text{(式 7-4)}$$

自然微生物叢においても各種温度での r の値は，図 7-6B に表されるように平方根モデルで高い直線性が認められます．したがって，温度 T での r の値は次のように表せます（**式 7-5**，**式 7-6**）．

低濃度汚染鶏肉：

$$\sqrt{r} = 0.0277T + 0.122 \qquad (\text{式 } 7\text{-}5)$$

高濃度汚染鶏肉：

$$\sqrt{r} = 0.0238T + 0.0346 \qquad (\text{式 } 7\text{-}6)$$

以上の結果より，自然微生物叢に汚染された食品中で対象微生物（ここではサルモネラ）の初期濃度と保存温度がその増殖に及ぼす影響は，一般的に**表 7-1** のようにまとめることができます．

表 7-1 自然微生物叢に汚染された食品において対象微生物の初期濃度と保存温度がその増殖に及ぼす影響

	誘導期（ラグタイム）	対数期（速度定数）	定常期（最大菌数）
初期濃度	なし	なし	あり
保存温度	なし	あり	あり

対象微生物の初期濃度と保存温度は，ラグタイムの長さにほとんど影響を与えません．また，対数期の速度定数は，初期濃度が異なってもほとんど差は認められませんが，保存温度によって異なります．一方，対象微生物の最大菌数は初期濃度と保存温度の影響を受けます．

以上の解析結果から，変動温度における鶏ひき肉中のサルモネラおよび自然微生物叢の増殖を予測してみましょう．予測方法の概要は第6章で解説した大腸菌での方法と共通していますが，ここでは $N_{\max}$ についても考慮する必要があります．そこで，各時刻における測定温度からパラメーター $N_{\max}$ および r を上記の近似式あるいは数値（平均値）を使って推定します．得られた推定値を NL モデルに代入し，その時間ステップについてルンゲ－クッタ法を用いて計算します．なお，m および n は各定常温度での値がほぼ一定値を示すので，それらの平均値を用います．得られた N の値を次の時間ステップの N として使います．こうして，サルモネラおよび自然微生物叢の増殖予測計算を表したものが**図 7-7** です．

A

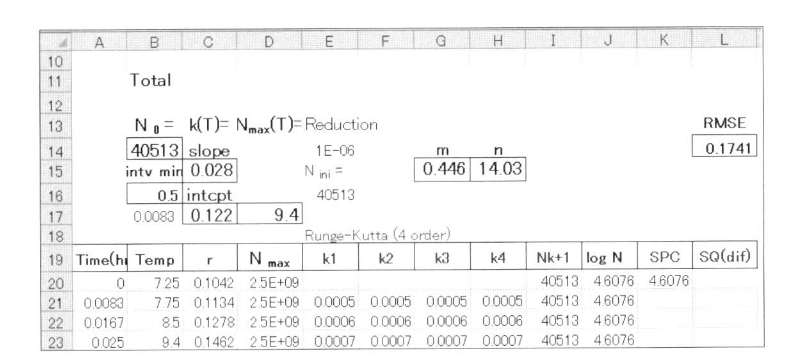

	A	B	C	D	E	F	G	H	I	J	K	L
10												
11		Total										
12												
13		N 0 =	k(T)=	Nmax(T)=	Reduction							RMSE
14		40513	slope		1E-06		m	n				0.1741
15		intv min	0.028		N ini =		0.446	14.03				
16		0.5	intcpt		40513							
17		0.0083	0.122	9.4								
18					Runge-Kutta (4 order)							
19	Time(h	Temp	r	N max	k1	k2	k3	k4	Nk+1	log N	SPC	SQ(dif)
20	0	7.25	0.1042	2.5E+09					40513	4.6076	4.6076	
21	0.0083	7.75	0.1134	2.5E+09	0.0005	0.0005	0.0005	0.0005	40513	4.6076		
22	0.0167	8.5	0.1278	2.5E+09	0.0006	0.0006	0.0006	0.0006	40513	4.6076		
23	0.025	9.4	0.1462	2.5E+09	0.0007	0.0007	0.0007	0.0007	40513	4.6076		

B

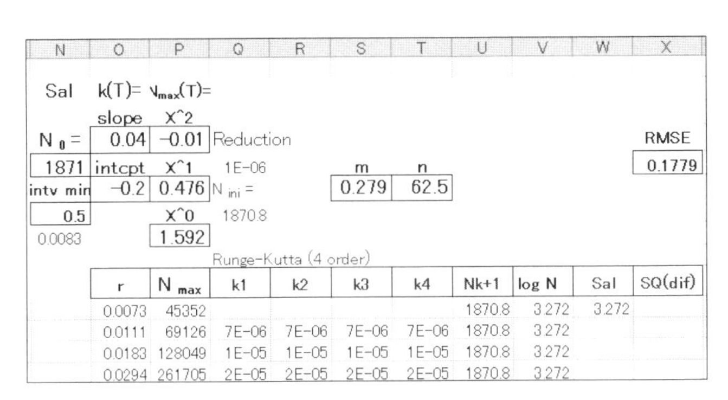

N	O	P	Q	R	S	T	U	V	W	X
Sal	k(T)=	Nmax(T)=								
	slope	X^2								
N 0 =	0.04	-0.01	Reduction							RMSE
1871	intcpt	X^1	1E-06		m	n				0.1779
intv min	-0.2	0.476	N ini =		0.279	62.5				
0.5		X^0	1870.8							
0.0083		1.592								
			Runge-Kutta (4 order)							
	r	N max	k1	k2	k3	k4	Nk+1	log N	Sal	SQ(dif)
	0.0073	45352					1870.8	3.272	3.272	
	0.0111	69126	7E-06	7E-06	7E-06	7E-06	1870.8	3.272		
	0.0183	128049	1E-05	1E-05	1E-05	1E-05	1870.8	3.272		
	0.0294	261705	2E-05	2E-05	2E-05	2E-05	1870.8	3.272		

図 7-7　低汚染鶏肉における（A）自然微生物叢 Total および（B）サルモネラの増殖予測 Ex7-1

自然微生物叢の N_{max} は一定なので（図 7-7A の D 列），前章と計算方法に違いはありません．一方，サルモネラでは N_{max} が温度に関する 2 次式で表されています（図 7-7B の P 列）．そこで，各時間ステップでの測定温度（B 列）から，この 2 次式を使ってそのステップでの N_{max} を計算します．この値を使って Q 列から U 列にかけてのルンゲ－クッタ法で N が計算されます（V 列）．

この手法によって**図 7-8** に示すように，新しい温度条件下において非常に高い精度でサルモネラ増殖を予測できることがわかります[1]．同じ手法を使って，上述した高汚染鶏肉中でのサルモネラ増殖も高い精度で予測できます．

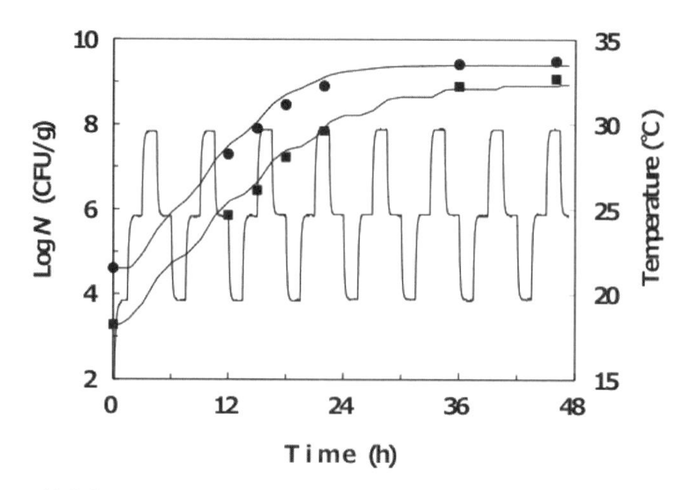

図 7-8　低濃度汚染鶏肉におけるサルモネラおよび自然微生物叢の増殖予測
●自然微生物叢，■サルモネラ．周期的に変化する曲線は実測温度を示します

7.2.2　各種初期濃度での増殖予測

食品中の対照微生物の初期汚染濃度は一定ではありません．ある初期濃度に対してどのようにその増殖を予測すればよいでしょうか．温度が同一であれば表 7-1 で示したように $N_{\max}$ だけが初期濃度によって変わります．前述した牛ひき肉中のサルモネラでは，図 5-7 で解説した初期濃度 I と $N_{\max}$ の関係式（式 5-6，再掲）を使って I の値から $N_{\max}$ を推定できます．

$$N_{\max} = 0.0296I^3 - 0.521I^2 + 3.23I + 2.25 \qquad \text{(式 5-6)}$$

たとえば $I = 3.77\log$ の時，$N_{\max} = 8.6\log$ が得られ，この値を NL モデルに代入すると，増殖曲線を予測できます．ここで増殖モデル中のほかのパラメーター値はほぼ一定であるので，変える必要はありません．その結果，**図 7-9** に示すように，実測値に非常に近い予測値が得られます[2)]．ここで，誤差 $RMSE$ は 0.119（log）です．

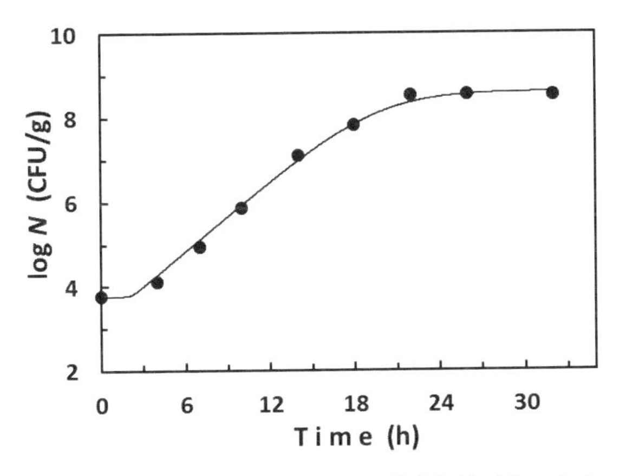

図 7-9 初期菌数から予測したサルモネラ増殖曲線（牛ひき肉, 24 ℃）
黒丸は実測値, 曲線は予測値を示します

次に, ある初期濃度 I と温度 T での対象微生物の増殖はどのように予測すればよいでしょうか. 表 7-1 に示したように $N_{\max}$ は I と T での影響を受け, それを牛肉中のサルモネラ増殖の例では下に再掲した多項式モデル（式 5-8）を使って予測できます.

$$N_{\max} = 1.32 \times 10^{-6}T^3 + 4.21 \times 10^{-4}I^3 - 3.86 \times 10^{-7}T^2I + 1.81 \times 10^{-5}TI^2 + 2.72 \times 10^{-3}T^2 + 9.22 \times 10^{-4}TI + 8.3 \times 10^{-4}I^2 + 6.47 \times 10^{-4}T + 5.72 \times 10^{-1}I + 4.73 \quad \text{(式 5-8)}$$

一方, 牛ひき肉中のサルモネラの温度 T での増殖速度定数は初期濃度に依存せず, 次の平方根モデルで表せます（**式 7-7**）.

$$\sqrt{r} = 0.0401(T - 3.47) \quad \text{(式 7-7)}$$

NL モデルのほかのパラメーター m と n は, I と T の影響を受けず常にほぼ一定であるため, 各条件での平均値を予測に用います.

このような手法で, 新しい I と T でのサルモネラ増殖を予測できます. まず, 一定温度での増殖を予測しましょう. サルモネラを $I = 2.49$（log）で牛ひき肉中へ接種し, $T = 18$（℃）で保存をします. この時, 式 5-8 と式 7-7 から $N_{\max} = 7.11$（log）および $r = 0.340$ がそれぞれ得られます. これらの値を増殖モデルに入れて予測を行うと, **図 7-10** に示すような実測に非常に近い予測値が得られます[2]. ここで, 誤差 $RMSE$ は 0.251（log）です. なお, 牛ひき肉中の自然微生物叢の増殖も前章で解説した手法で図 7-10 に示すように非常に精度の高い予測ができます．

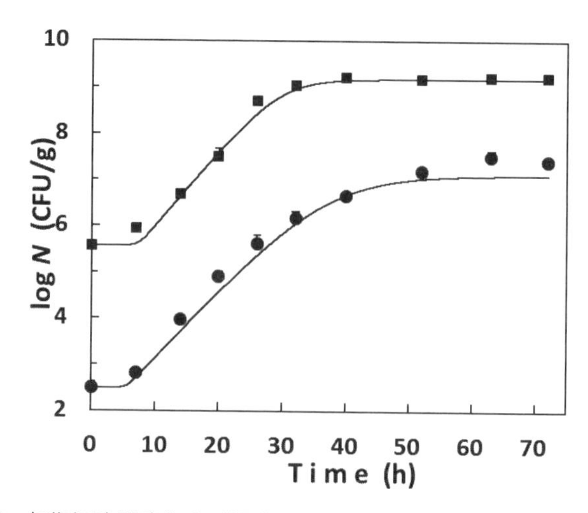

図 7-10 初期汚染濃度および温度からのサルモネラ増殖予測（牛ひき肉）
●：自然微生物叢，■：サルモネラ

さらに変動温度でもこの手法で非常に精度の高い予測ができます．ここでは，サルモネラを $I = 520 = 10^{2.72}$ で牛ひき肉中へ接種し，変動温度下で保存します．

> **図 7-11** に示すように，予測手順は各時間ステップでの測定温度（B 列）から r（C 列）および $N_{\max}$（D 列）の値を推定し，増殖モデル（E 列以降）に代入します．ただし，$N_{\max}$ は多項式 5-8 で計算した値（log）を一度 M 列に入れ，それを D 列で実際の数値に変換しています．

	A	B	C	D	E	F	G	H	I	J	K	L	M
17			Sal										
18													
19		N_0 =	k(T)=		Reduction							RMSE	
20		520	slope		1E-06		m	n				0.234	
21		intv mir	0.0401		N_{ini} =		0.47	6.37					
22		0.5	intcpt		520.4								
23		0.008	−0.139										
24					Runge-Kutta (4 order)								
25	Time(ŀ	Temp	r	N_{max}	k1	k2	k3	k4	Nk+1	log N	Meas	SQ(dif)	Predl
26	0	7.6	0.0274	3E+06					520.41	2.716	0	7.3785	6.48
27	0.008	7.867	0.0311	3E+06	8E-07	8E-07	8E-07	8E-07	520.41	2.716			6.49
28	0.017	8.133	0.035	3E+06	1E-06	1E-06	1E-06	1E-06	520.41	2.716			6.5
29	0.025	8.4	0.0391	3E+06	1E-06	1E-06	1E-06	1E-06	520.41	2.716			6.51

図 7-11 変動温度下で牛ひき肉中のサルモネラ増殖予測プログラム Ex7-2

その結果，**図 7-12** に示すように変動温度下でも非常に良い予測ができます．ここで，誤差 $RMSE$ は 0.234（log）です．なお，この図に示すように変動温度下で牛ひき肉中の自然微生物叢の増殖もこれまでの方法を使って非常に高い精度で予測できます．

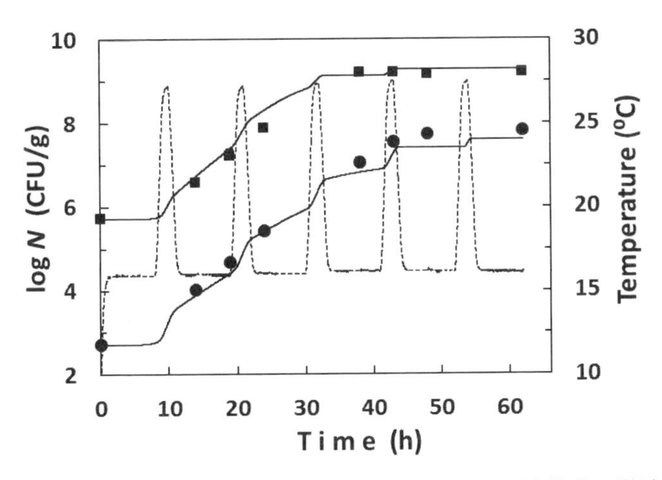

図 7-12 変動温度下で牛ひき肉中のサルモネラおよび自然微生物叢の増殖予測．
●：自然微生物叢，■：サルモネラ．周期的に変化する曲線は実測温度を示します

7.3 競合モデルによる増殖予測

各種微生物に汚染された食品中である微生物の増殖を解析し，予測するため，S字型曲線を描く基本モデルを使い，環境要因モデルで制御する方法を解説してきました．これ以外に，基本モデルの中に競合する菌種（あるいは微生物群）を組み込んだモデルがあります．代表的なモデルとして，次の2つが知られています．

1. 競合微生物の増殖をロジスティック型の項として取りいれたタイプ
2. ロトカ－ボルテラ（Lotka-Volterra：LV）モデルを取りいれたタイプ

1は，Gimenez and Dalgaardが最初に発表したので，ここではGDモデルとよびましょう．BarモデルにGDモデルを組み込むと次のように表せます（**式7-8**）．ここではBar-GDモデルとよびます．例として2種類の競合する微生物種1と2を考えます．ここで，Q_1 と Q_2 は各微生物細胞の増殖を律速する物質とします．

$$\frac{dN_1}{dt} = \mu_{1\max}\frac{Q_1}{1+Q_1}N_1\left(1-\frac{N_1}{N_{1\max}}\right)\left\{1-\left(\frac{N_2}{N_{2\max}}\right)^{l_{21}}\right\}$$
$$\frac{dN_2}{dt} = \mu_{2\max}\frac{Q_2}{1+Q_2}N_2\left(1-\frac{N_2}{N_{2\max}}\right)\left\{1-\left(\frac{N_1}{N_{1\max}}\right)^{l_{12}}\right\} \quad (式7\text{-}8)$$

$N_{1\max}$ と $N_{2\max}$ は各菌種の最大菌数を表し，l_{21} と l_{12} は2菌種間の増殖の強さを示す競合係数です．各式の最後に競合微生物の項がロジスティック型で付加されています．この項の値は競合菌が増加して最大菌数に近づくにつれて0に近づきます．そのため，式全体も0に近づき，微生物自体の増殖が停止していくことになります．しかし，競合相手のロジスティック式の項を付加する理論的根拠は明らかではありません．なお，GDモデルはNLモデルに付加することもできます．

2のLVモデルは，生態学でよく知られた数学モデルです．食品中の各種汚染微生物に適用すると，ある食品部位にはそこを占める総微生物数に容量（最大菌数）が当然あるため，複数の微生物種の菌数の和がこの最大菌数に達すると，そこですべての微生物の増殖が停止するというモデルです．

2種の微生物に当てはめると，次の式になります（**式7-9**）．

$$f(N_1, N_2) = 1 - \frac{N_1 + N_2}{N_{\max}} \quad (式7\text{-}9)$$

ここで，分母の $N_{\max}$ は，2種の微生物の各最大菌数のうち，大きいほうを選びます．2種の菌数の和が増加して $N_{\max}$ に近づくと，この式の値は0に近づき，増殖速度全体も0に近づきます．

式7-9を項として，増殖モデルに組み込みます．NLモデルに組み込むと次のように表されます．ここではNL-LVモデルとよびます（**式7-10**）．

$$\frac{dN_1}{dt} = r_1 N_1 \left\{1 - \left(\frac{N_1}{N_{1\max}}\right)^{m_1}\right\}\left\{1 - \left(\frac{N_{1\min}}{N_1}\right)^{n_1}\right\}\left(1 - \frac{N_1^{c_1} + N_2^{c_2}}{N_{\max}}\right)$$
$$\frac{dN_2}{dt} = r_2 N_2 \left\{1 - \left(\frac{N_2}{N_{2\max}}\right)^{m_2}\right\}\left\{1 - \left(\frac{N_{2\min}}{N_2}\right)^{n_2}\right\}\left(1 - \frac{N_1^{c_1} + N_2^{c_2}}{N_{\max}}\right)$$
(式7-10)

ここでc_1とc_2は2種の競合係数です．両者は相対的なので，$c_1 = 1$とします．この式では，本来の式にLVモデルを新しい項として付加した形となっています．本来の式の$N_{1\max}$あるいは$N_{2\max}$を含む項の中に組み入れることも可能ですが，検討の結果，式7-10の形のほうがより精度の高いフィッティングおよび予測ができることがわかりました．また，BarモデルでもLVモデル(式7-9)を組み入れることは可能です．

実際に滅菌した鶏ひき肉に，大腸菌，黄色ブドウ球菌，サルモネラを単独および混合培養して得られた結果を，これらの競合モデルに適用してみましょう．そのためには，培地あるいは滅菌した食品にこれらの微生物を単独で培養して，増殖データを得る必要があります．そのデータを増殖モデル，たとえばNLモデルで解析し，r，mおよびnというパラメーターの値を各菌種について得ます．

NL-LVモデルでは，2種混合培養した場合の各増殖曲線を描くには式7-10で競合係数c_2の値が必要ですから，これを推定します．そのために，実測データから実測値とモデルによる推定値の誤差を最小にする値を競合係数c_2とします．実際にはソルバーを使って求めます．例として，黄色ブドウ球菌と大腸菌の混合培養の結果を示します[3)]（**図7-13**）．参考としてBar-GDモデルでフィッティングさせた例も示します．

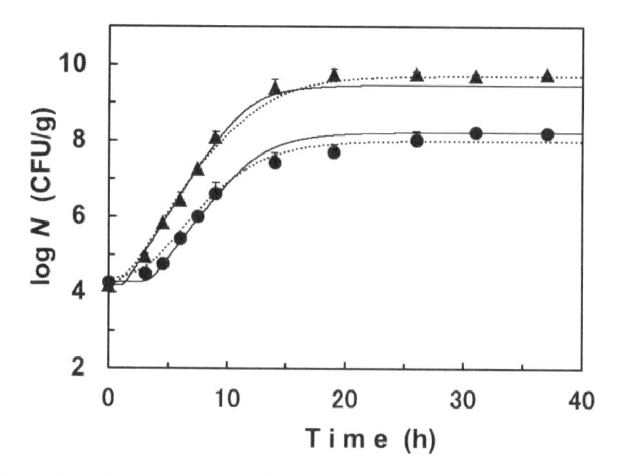

図 7-13 黄色ブドウ球菌と大腸菌の混合培養（28℃）
▲：大腸菌，●：黄色ブドウ球菌．実線は NL-LV モデル，点線は，Bar-GD モデルでフィッティングさせた曲線を示します

ここで，NL-LV モデルにおいて $c_2 = 1.03$ です．誤差 $RMSE$ は NL-LV モデルで 0.197 log，Bar-GD モデルで 0.179 log となり，両モデルとも良いフィッティングを示します．

これらの 2 種混合培養での解析結果から，3 種混合した場合の増殖を予測できます．NL-LV モデルでは 3 種混合の式は 2 種の式 7-10 から次のように考えられます（**式 7-11**）．

$$
\begin{aligned}
\frac{dN_1}{dt} &= k_1 N_1 \left\{1 - \left(\frac{N_{1\min}}{N_1}\right)^{m_1}\right\}\left\{1 - \left(\frac{N_1}{N_{1\max}}\right)^{n_1}\right\}\left(1 - \frac{N_1^{c_1} + N_2^{c_2} + N_3^{c_3}}{N_{\max}}\right)\\
\frac{dN_2}{dt} &= k_2 N_2 \left\{1 - \left(\frac{N_{2\min}}{N_2}\right)^{m_2}\right\}\left\{1 - \left(\frac{N_1}{N_{2\max}}\right)^{n_2}\right\}\left(1 - \frac{N_1^{c_1} + N_2^{c_2} + N_3^{c_3}}{N_{\max}}\right)\\
\frac{dN_3}{dt} &= k_3 N_3 \left\{1 - \left(\frac{N_{3\min}}{N_3}\right)^{m_3}\right\}\left\{1 - \left(\frac{N_1}{N_{3\max}}\right)^{n_3}\right\}\left(1 - \frac{N_1^{c_1} + N_2^{c_2} + N_3^{c_3}}{N_{\max}}\right)\\
N_{\max} &= \max\{N_{1\max}, N_{2\max}, N_{3\max}\}
\end{aligned}
\qquad (\text{式 } 7\text{-}11)
$$

ここで，単独培養結果から式 7-11 の増殖パラメーター値が得られ，2 種混合培養結果から競合係数の値が得られます．Bar-GD モデルでも同様に計算できます．

例として，3 種類の菌種がみな 10^4 CFU/g の初期菌数の混合培養を NL-LV モデルを使って示します（**図 7-14**）．個々の単独増殖の増殖データを取り，NL モデルを用いた解析プログラムで解析した結果を図 7-14A の Sal，EC，Stp として示してあります．17 行目にはブドウ球菌を 1 とした場合の各菌種の競合係数に示してあります．また，混合培養での LV モデルの最大菌数は 3 菌種の N_{1max} の中で最大の値とします．

さらに図 7-14B に示すように，図 7-14A での各パラメーター値を使い，これまで説明してきた 4 次のルンゲークッタ法を用いて，各菌種の増殖を計算します．

A. 単独増殖の増殖データ

	A	B	C	D	E	F	G	H	I	J	K	L	M
1		NL-LV model			Sal4-EC4-Stp4								
2													
3													
4		N1	10^4				N2	10^4			N3	10^4	
5		Sal				EC				Stp			
6			slope	0.4452			slope	0.53			slope	0.388	
7			k	1.025			k	1.221			k	0.894	
8			intcpt	3.5722			intcpt	3.599			intcpt	3.25	
9			lag	1.2187			lag	1.139			lag	2.744	
10			No	13024			No	15962			No	20700	
11			Reducti	1E-06			Reduct	1E-06			Reductic	1E-06	
12			N ini	13024	4.115		N ini	15962	4.203		N ini	20700	4.316
13			N max	7E+09			N max	6E+09			N max	2E+09	
14			m	0.4639			m	0.44			m	0.658	
15			n	9.7891			n	8.251			n	4.958	
16													
17			C1	1.0271			C2	1.039			C3	1	

B. NL-LV モデルによるサルモネラの増殖予測

	A	B	C	D	E	F	G	H	I	J	K	L	M
21		Runge-Kutta for NLM				3 variables					RMSE		Nmax
22											0.2498		6.6E+09
23		Time(hr	N1	Sal					N2	EC			
24		period	log N_0	Reduction					log N_0	Reduction			
25		40	4.113	1E-06					4.192	1E-06			
26		intv	log N_{max}	N_{ini} =	k	m	n		log $N_{ma:}$	N_{ini} =	k	m	n
27		0.05	9.822	12964.5	1.025	0.464	9.789		9.781	15565	1.2208	0.44	8.2515
28			6.6E+09						######				
29													MSE
30						Runge-Kutta (4 order)					log N	Sal	0.0296
31			Time		k	k1	k2	k3	k4	Nk+1	N1	Sal	SqErr
32			0		1.025					12964	4.11275	4.113	0
33			0.05		1.025	6.5E-03	######	######	######	######	4.11276		
34			0.1		1.025	1.1E-02	######	######	######	######	4.11276		
35			0.15		1.025	1.8E-02	######	######	######	######	4.11276		

図 7-14 NL-LV モデルによる 3 種混合の増殖予測プログラム Ex7-3

こうしてNL-LVモデルで予測した結果を**図7-15**に示します[4]．誤差$RMSE$は0.25 logとなり，実測値とよく一致した結果が得られます．ただし，３種類の混合培養に先ほどのBar-GDモデルを用いると，実測値と大きくはずれた予測結果となります．原因は不明です．

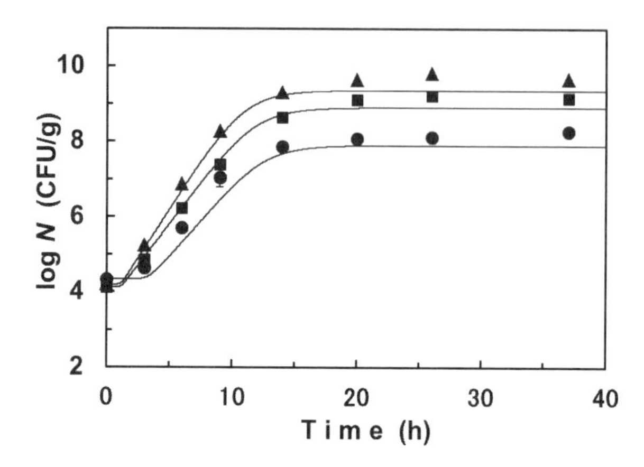

図7-15 混合培養した３菌種のNL-LVモデルによる増殖予測（28℃） Ex7-3
▲：大腸菌，■：サルモネラ，●：黄色ブドウ球菌

さらに，２種および３種の混合培養を変動温度下で保存した時の各菌種の増殖をNL-LVモデルで予測してみます．**図7-16**および**図7-17**に示すように，高い精度で予測できることがわかります[5]．

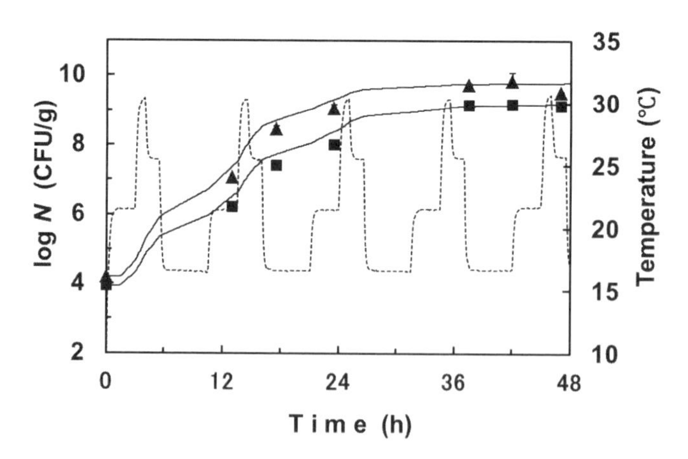

図7-16 混合培養した２菌種のNL-LVモデルによる増殖予測（変動温度）
▲：大腸菌，■：サルモネラ．点線は実測温度を示します

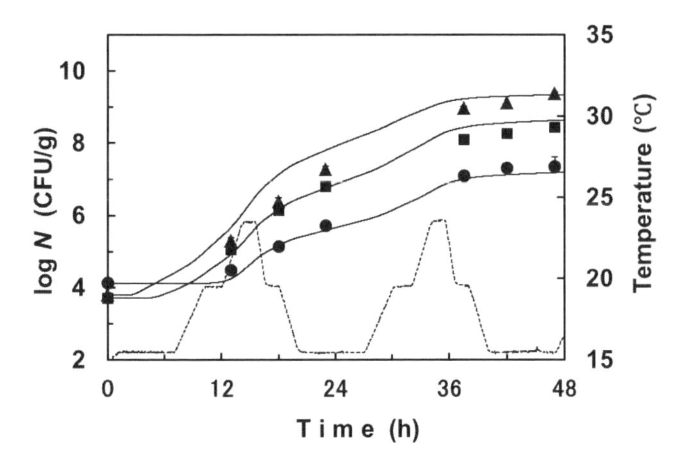

図 7-17　混合培養した 3 菌種の NL-LV モデルによる増殖予測（変動温度）
▲：大腸菌，■：サルモネラ，●：黄色ブドウ球菌．点線は実測温度を示します

以上の結果から，NL-LV モデルは，複数の微生物種を混合培養した際，各菌種の増殖を解析，予測できることが推測されます．一般化すると，本モデルにおいて p 種類の微生物が共存している系で，その中のある種 i の増殖は次のような式で表せます（**式 7-12**）．ただし，$1 \leqq i \leqq p$ です．

$$\frac{dN_i}{dt} = r_i N_i \left\{1 - \left(\frac{N_i}{N_{i\max}}\right)^{m_i}\right\}\left\{1 - \left(\frac{N_{i\min}}{N_i}\right)^{n_i}\right\}\left(1 - \frac{\sum_{k=1}^{p} N_k^{c_k}}{N_{\max}}\right) \quad (\text{式 7-12})$$

競合モデルで各微生物の増殖はその食品の許容量 $N_{\max}$ に依存しますが，原理的には各微生物の初期濃度がいくつであっても対応できると考えられます．

ここで注意する点は，競合モデルを使った解析には対象食品中の単独菌種での増殖データが必要であることです．上の例では実験として加熱滅菌した鶏ひき肉に最初，各対象微生物を単独接種し，保存しました．次に混合した微生物を接種しました．しかし，実際の生鮮食品および食品原材料では（食品の品質等を変えずに）微生物だけを完全に除去した食品を作成することは一般に非常に困難です．そのため，本章の前半で解説した環境要因モデルのみを使った予測手法のほうが現実的な手法とも考えられます．

そのほか，微生物間にはたとえば細菌と原生動物の間にみられる捕食関係もあります．生態学ではキツネと野ウサギに関する捕食の数学モデルも知られています．しかし，食品において微生物間の捕食は一般的ではないので，ここでは割愛します．

引用文献

1） S. M. Zaher and H. Fujikawa（2011）*J. Food Prot.*, 74, pp.735-742.
2） I. I. Sabike et al.（2015）*Biocont. Sci.*, 20, pp.185-192.
3） H. Fujikawa, et al.（2014）*Biocont. Sci.*, 19, pp.61-71.
4） H. Fujikawa and M. Z. Sakha.（2014）*Biocont. Sci.*, 19, pp.89-92.
5） H. Fujikawa and M. Z. Sakha.（2014）*Biocont. Sci.*, 19, pp.121-127.

第8章 毒素産生

8.1 定常温度下での毒素産生

これまでは対象微生物の増殖について数学モデルを用いた予測を解説してきました．しかし，食中毒を起こす微生物（細菌）の中には食品中で増殖して毒素を産生し，それを喫食することによって健康被害を及ぼすタイプがあり，これを毒素型食中毒細菌とよびます．例として，ボツリヌス菌の産生するボツリヌス毒素，黄色ブドウ球菌のエンテロトキシン，セレウス菌のセレウリドがあります．

食品中でのこれらの毒素の産生速度を解析し，ある条件下での毒素産生量を予測できれば，その毒素による健康被害を事前に最小限に抑える上で役立ちます．2000年に，黄色ブドウ球菌エンテロトキシンに汚染された乳製品の摂取による，史上まれにみる大規模な食中毒事件が大阪で起きました．この毒素による主症状は嘔吐と嘔気です．またこの毒素は，構造的に各種のタイプがありますが，大阪での事件も含め，実際の事件の多くはA型によって起きています．

大阪での事件を基に，本書では市販牛乳中の黄色ブドウ球菌増殖に伴うブドウ球菌エンテロトキシンA（SEA）産生量を予測します．この手法は，その他の微生物の産生する代謝産物にも参考となると考えられます．ここでは殺菌された市販牛乳を用いて解析し，自然微生物叢に汚染された生乳での毒素産生については後で説明します．

市販牛乳中に接種し，32 ℃で保存した黄色ブドウ球菌の増殖とSEA産生の例を**図8-1**に示します[1]．図にみられるように，本毒素はある時点で検出されるとほぼ直線的に濃度が増加します．毒素産生速度はこの間一定と認められるため，化学的に0次反応とみなすことができます．これは酵素活性を初速度法で測定することと同じです．さらに保存時間が経過すると，この図には表していませんが，毒素濃度の増加速度は次第に減少し，最終的には一定濃度に近づきます．

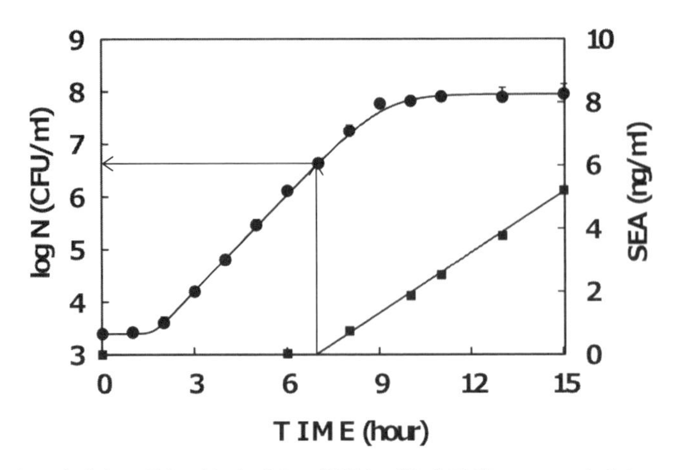

図 8-1　市販牛乳中の黄色ブドウ球菌の増殖とブドウ球菌エンテロトキシン A (SEA) の産生（32 ℃）
●：菌数，■：SEA 濃度．増殖曲線は NL モデルを使って描きました．矢印は毒素産生が測定できた開始点とその菌数を示します

毒素産生曲線をみると，グラフ上の毒素産生開始時間は，**図 8-1** の矢印に表すように菌数ではほぼ $10^{6.5}$ CFU/ml に相当します．この菌数は各種温度でほぼ同じです．そこで，図で矢印の毒素産生開始点以降は，時間 t における本毒素量を E とすると，次の**式 8-1** で表すことができます．

$$\frac{dE}{dr} = r_E \qquad \text{(式 8-1)}$$

r_E は毒素産生の速度定数です．この速度定数の値は温度によって変化します．**図 8-2** にみられるように，温度が上がるにつれてこの値も上昇しますが，高温度域では逆に低い値となります [1)]．この原因は不明ですが，SEA の遺伝子が本菌の染色体上ではなく，バクテリオファージ上にあることに関連している可能性があります．

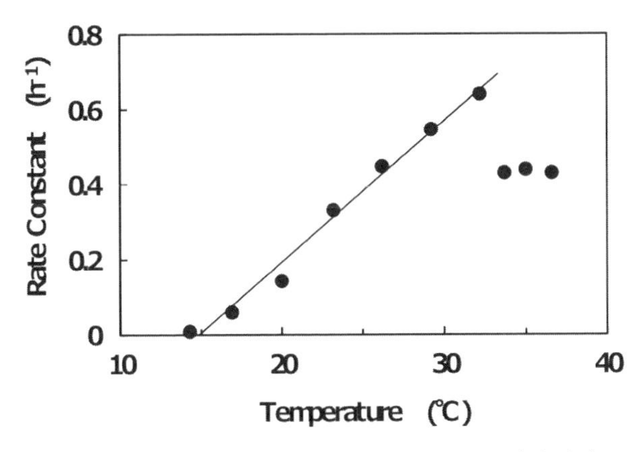

図 8-2　牛乳中での各種温度における SEA 産生速度

この図の直線部分を式で表すと次のようになります（**式 8-2**）.

$$r_E = 0.0376T - 0.559 \qquad \text{(式 8-2)}$$

一方，牛乳中の黄色ブドウ球菌の増殖速度定数は，**図 8-3** に示すように平方根モデルで表すことができます[1].

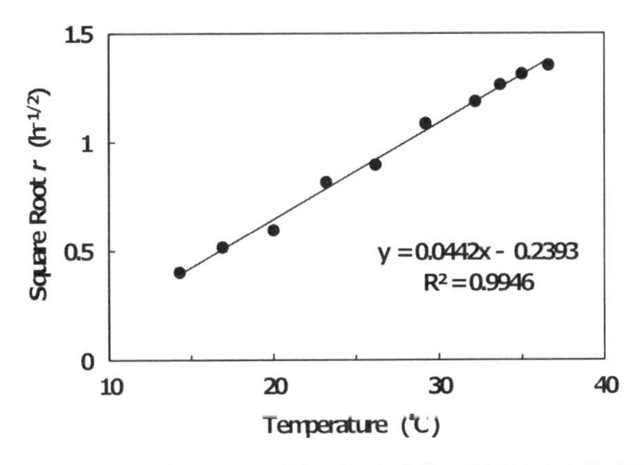

図 8-3　牛乳中での各種温度における黄色ブドウ球菌の増殖速度定数（平方根モデル）

この図から次の式が得られます（**式 8-3**）.

$$\sqrt{r} = 0.0442T - 0.2393 \qquad \text{(式 8-3)}$$

増殖モデルのパラメーター m と n は，各種定常温度でほぼ一定であり，その平均値はそれぞれ 1.0 と 4.7 です．

8.2 毒素産生量の予測

このような解析手法から変動温度下での牛乳中の SEA 濃度を予測してみましょう．そのためにはまず，この微生物の増殖を予測する必要があります．前述した結果から菌数が $10^{6.5}$ CFU/ml に達したと予測される時点で毒素が検出されるとします．本菌の増殖と毒素産生量は温度に依存すると仮定します（式 8-2 と式 8-3）．

これまで解説してきた方法に従い，変動温度で本菌の増殖は NL モデルと平方根モデルを使って予測します．まず，**図 8-4** に示すように B 列の実測温度に対して，微生物増殖を予測します．次に，菌数が $10^{6.5}$ CFU/ml に達したと予測される時点から，SEA 産生は 0 次反応に従うとして予測します．セル K12 の式に表すように，IF 関数を使ってセル I12 の菌数が 6.5（log）を越えたら，その時刻の温度に対応して毒素産生の速度定数を式 8-2（実際にはセル M3:M4）を使って計算します．得られた速度定数の値から SEA 濃度を積算していきます．ただし，このまま計算すると予測値が実測値がよりも高くなるため，調整のための係数 0.46（セル K3）を導入します．

K12 　 fx =IF(I12>6.5,($M$3*B12+$M$4)*$K$3+K11,0)

	A	B	C	D	E	F	G	H	I	J	K	L	M
1													
2	Stp		N 0 =	Reduc	k						SE coe	SEA calc	
3			1770.4	1E-06	0.0457						0.46	0.038	0.0003
4		intv mir	N max =	N ini =	-0.275							-0.56	0.005
5		0.5	######	1770.4									
6		0.0083											
7			NL model			n							
8				Runge-Kutta		4.7			log N		SEA		
9	Time ((	Temp	k	k1	k2	k3	k4	Nk+1	pred	meas	pred	meas	
10	0	22.95	0.5988					1770.4	3.2481	3.2481	0	0	
11	0.0083	22.9	0.5953	4E-05	4E-05	4E-05	4E-05	1770.4	3.2481		0		
12	0.0167	22.85	0.5917	4E-05	4E-05	4E-05	4E-05	1770.4	3.2481		0		
13	0.025	22.85	0.5917	4E-05	4E-05	4E-05	4E-05	1770.4	3.2481		0		

図 8-4 牛乳中の SEA 産生予測プログラム Ex8-1

こうして，ある変動温度下での牛乳中の黄色ブドウ球菌の増殖と SEA 産生量を**図 8-5**A の温度下で予測すると，図 8-5B に示すように良い結果が得られます[1]．

A. 実測した温度履歴

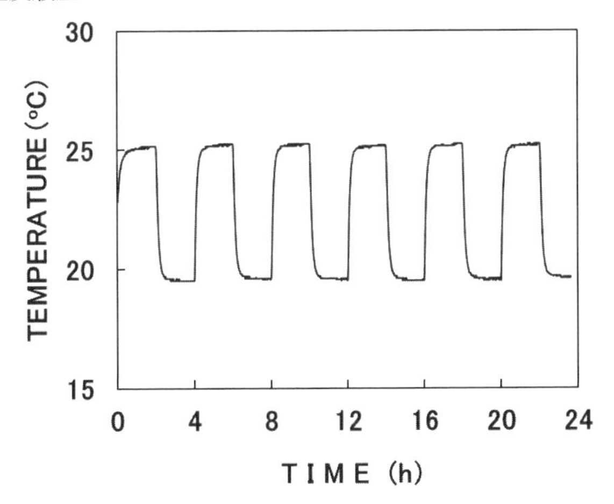

B. 黄色ブドウ球菌の増殖と SEA の産生予測（●：菌数，■：SEA 濃度）

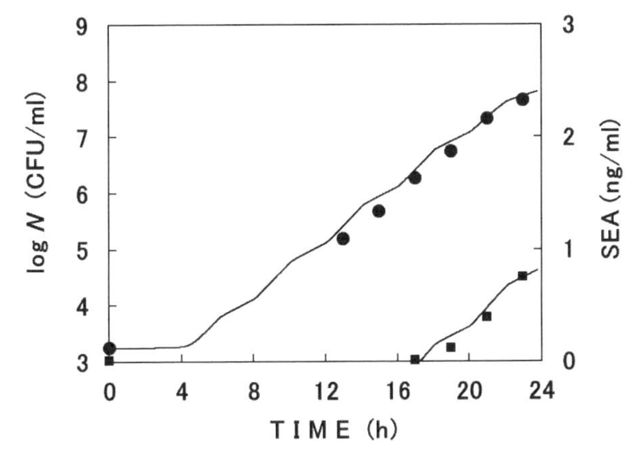

図 8-5　変動温度下での牛乳中の黄色ブドウ球菌の増殖とエンテロトキシン A 産生量の予測

以上は，殺菌された市販牛乳での解析および予測ですが，搾乳されたままの生乳ではそこに存在する自然微生物叢の影響を受け，本菌の SEA 産生は強く抑制されます．実際に生乳に SEA 産生黄色ブドウ球菌を接種し，36 ℃～48 ℃の各種温度で保存すると，興味深いことに比較的高温（40～44 ℃）で最も多くの毒素量が産生されます．これは生乳中の自然微生物叢と本菌との競合によると考えられます．温度によって優先的に増殖する菌種が異なるため，40～44 ℃保存での微生物叢は黄色ブドウ球菌の毒素産生を比較的抑制しなかったのであろうと考えられます．これより低い温度では自然微生物叢の増殖が強く，毒素産生は非常に抑制されます．また，48 ℃では温度が高すぎて黄色ブドウ球菌自体が増殖できません．

引用文献

1） H. Fujikawa and S. Morozumi（2006）*Food Microbiol.*, 23, pp.260-267.

第3部

微生物の死滅解析

第9章 基本熱死滅モデル

9.1 熱死滅速度

食品の加熱は通常，調理の工程の 1 つと考えられますが，最も一般的で古くから行われてきた食品の殺菌方法でもあります．加熱殺菌には 1 回ずつ行う回分（batch）式と，連続したフロー（flow）式の 2 種類がありますが，ここでは回分殺菌を考えます．

微生物の熱死滅速度を解析する方法は，死滅を対数的挙動として捉える殺菌工学的方法と，化学反応と捉える化学反応的方法とに分けられます．

第 1 章で解説したように，最も基本的な熱死滅パターンは，片対数グラフで時間とともに直線的に生残菌数が減少していくパターンです．これを殺菌工学的方法では「対数死滅」とよびます．この方法では，生残率（初期菌数に対する生残菌数の比率）を常用対数で表すので直観的に理解しやすく，実用的なため，食品および医薬品などの製造において殺菌工程を評価するのによく使われます．Ball および Stumbo らなどの研究者によって発展してきました．この方法では熱死滅の指標として D 値を用います．D 値とはその生残菌数が 1 桁減少するために必要な時間（単位：分）です．

一方，化学反応的方法では，上記の直線的な死滅を「線形死滅」とよびます．この方法では最も基本的な直線的死滅を 1 次反応と考え，反応速度の指標として速度定数を使います．加熱時間に対する自然対数で表すと，その直線の傾きから死滅の速度定数が得られます．この方法は直感的にはわかりにくいのですが，各種の死滅モデルを開発できる汎用性があります．

9.2　殺菌工学モデル

本モデルで最も基本的な指標はD値です．例として，リン酸緩衝液中に分散させた大腸菌を温度58℃で加熱した時の実測データを使って，D値を求めてみましょう．生残菌数データを**図9-1**に示します．図のA列に加熱時間，B列に生残菌数，C列にその対数値，E列に生残率（対数値）を示します．生残率（対数値）は図のセルD4に示すように，各加熱時間の生残菌数の対数値から初期菌数の対数値を差し引いた値です．

D4　f_x =C4-$C$4

	A	B	C	D	E
1	E.coli	58C			
2					
3	min	survivor	log	ratio	
4	0	1.6E+08	8.20412	0	
5	1	55000000	7.74036	-0.4638	
6	2	9900000	6.99564	-1.2085	
7	3	900000	5.95424	-2.2499	
8	4	46000	4.66276	-3.5414	
9	6	730	2.86332	-5.3408	
10	8	26	1.41497	-6.7891	

図9-1　一定定常温度下で加熱した大腸菌の生残率　Ex9-1

このデータからExcelでグラフ機能（散布図）を使ってグラフを書かせたものが，**図9-2**です．

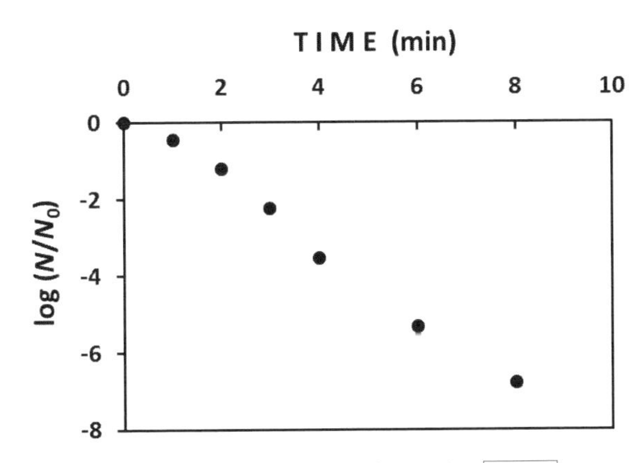

図9-2　大腸菌の生残曲線：58℃　Ex9-1

ここから近似解析を行います．ある測定点を右クリックして，メニューから「近似曲線の追加」を選びます．次に，**図9-3**に示すように近似曲線のオプションの「線形近似」を選び，さらに「グラフに数式を表示する」と「グラフに R-2 乗値を表示する」にチェックマークを入れます.

図 9-3 線形近似

その結果，**図 9-4** に示すような解析結果が得られます．図の線形近似式の傾き (0.9007) の逆数が D 値であるため，Excel の別のセルで計算をさせると，D= 1.11 (分) が得られます.

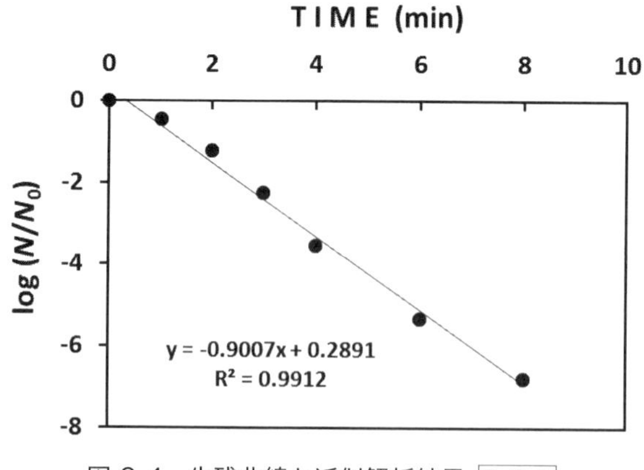

図 9-4 生残曲線と近似解析結果 Ex9-1

図 9-4 で，近似式をみると生残曲線は原点を通る直線ではありませんが，どの測定

点の重み付けも等しいと考えられ，特に問題はありません．

原点を通る理想化した死滅直線を考えると，この直線の傾きは 1/D ですから，生残率は次の式で表せます（**式 9-1**）．

$$\log\left(\frac{N}{N_0}\right) = \frac{t}{D} \tag{式 9-1}$$

ただし N_0，N は初期菌数および加熱時間 t における菌数です．なお，この式は次の式でも表されます（**式 9-2**）．

$$\frac{N}{N_0} = 10^{-\frac{t}{D}} \tag{式 9-2}$$

9.3 化学反応モデル

化学反応モデルでは，図 1-2 の直線 a の線形死滅を 1 次化学反応と捉えます．生きた微生物細胞を X，熱死滅した細胞を X_d とすると，1 次死滅反応は次の式で表される非可逆（逆反応のない）反応です．

$$X \rightarrow X_d$$

したがって，死滅速度は次の式で表されます（**式 9-3**）．

$$\frac{dN}{dt} = -kN \tag{式 9-3}$$

ここで $k\ (> 0)$ は死滅の速度定数を表します．これを解くと，生残率は次の式で表せます（**式 9-4**）．

$$\ln\left(\frac{N}{N_0}\right) = -kt \tag{式 9-4}$$

ここで ln は自然対数です．この式の対数をとると，次の式でも表されます（**式 9-5**）．

$$\frac{N}{N_0} = e^{-kt} \tag{式 9-5}$$

速度定数 k と D 値には，次の関係式が成り立ちます（**式 9-6**）．

$$kD = \ln 10 = 2.303 \tag{式 9-6}$$

この関係を使うと両モデルの変換が容易にできます．図 9-4 に示した例では D= 1.11（min）であったため，k= 2.07（1/ min）と計算されます．

第 10 章 熱死滅の環境要因モデル

温度によって，微生物の D 値あるいは死滅速度定数 k (> 0) は，当然異なります．温度が高いほど死滅速度は速いため，D 値は小さく，k は大きくなります．この速度の温度依存性を表す環境要因モデルが，殺菌工学モデルでは z 値モデル（z value model, Bigelow model ともよばれます），化学反応モデルではアレニウスモデル（Arrhenius model）です．

10.1　z 値モデル

例として，大腸菌を分散させたリン酸緩衝液を 56 ℃から 64 ℃までの各種温度に暴露した場合の実測値を**図 10-1** に示します [1)]．ここで，B 列は C 列の温度（℃）の絶対温度の逆数を示します．D 列は実測した速度定数（1/s）を，E 列はその 1 分間あたりの値，F 列はその自然対数値を示します．また，G 列は E 列から式 9-6 を使って計算した値，H 列はその対数値を示します．

B	C	D	E	F	G	H
Ahhrenius and z-value models						
1/T	TEMP(C	k (1/s)	(1/min)	ln k	D (min)	log D
0.00304	56	0.0066	0.393	−0.93	5.8601	0.768
0.00302	58	0.017	1.02	0.02	2.2578	0.354
0.003	60	0.047	2.82	1.037	0.8167	−0.09
0.00299	62	0.101	6.06	1.802	0.38	−0.42
0.00297	64	0.269	16.14	2.781	0.1427	−0.85

図 10-1　各種温度での分散大腸菌の死滅速度（実測値）Ex10-1

殺菌工学では，各種温度に対して D 値の対数をプロットすると，概ね直線状となることが知られています．この直線を加熱致死時間（Thermal Death Time：TDT）曲線とよびます．実際に上の図の C 列と H 列のデータから TDT 曲線を描くと，**図 10-2** のようになります．図中の R^2 値から相関係数は 0.999 と計算され，非常に高い直線性を有することがわかります．

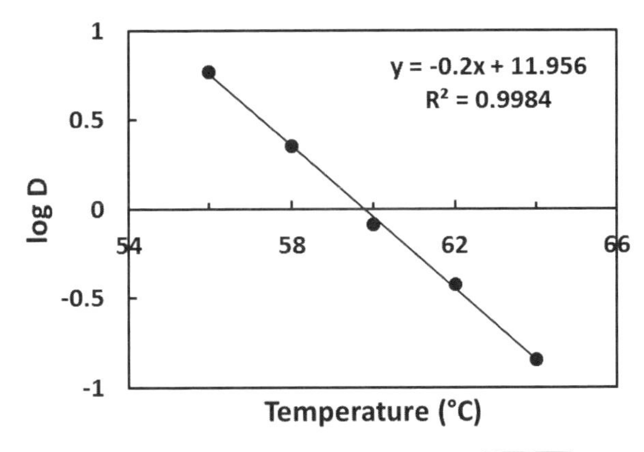

図 10-2　大腸菌熱死滅の TDT 曲線 Ex10-1

ある温度 T での D 値が 1/10（または 10 倍）となるような温度変化量を z 値（℃）とよびます．図 10-2 の近似直線式において，その傾きが z 値の逆数です．そこで，図 10-2 の例では次の関係式が得られます（**式 10-1**）．

$$\log D = -0.2T + 11.956 \qquad (式\ 10\text{-}1)$$

この例では z 値（℃）は $1/0.2 = 5.0$ 分と計算されます．

一般に模式図（**図 10-3**）に示すように，基準温度 T_r での D 値を D_r とすると，ある温度 T での D 値は**式 10-2** で表すことができます．この式を使えばこの温度帯のある温度に対する D 値が求められます．

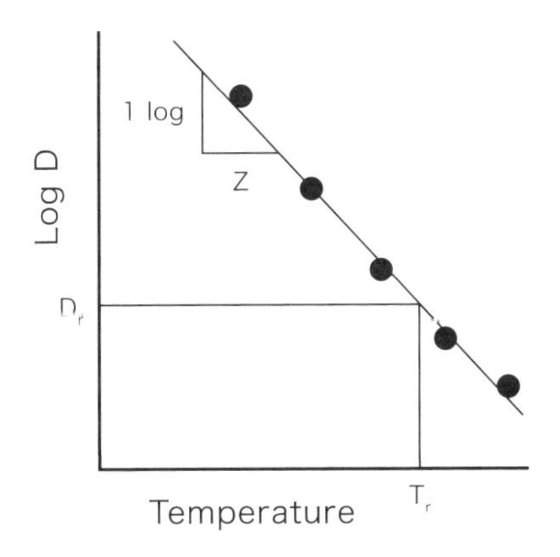

図 10-3　TDT 曲線（模式図）

$$D = D_r 10^{\frac{T_r - T}{z}} \quad \text{(式 10-2)}$$

実際には式 10-2 を求めなくとも式 10-1 のような近似直線の式が得られれば，これを使ってある温度 T に対する D 値は求められます．

10.2　アレニウスモデル

化学反応モデルでは，死滅速度定数の温度依存性はアレニウスモデルで表すことができます．このモデルはスウェーデンの科学者 Arrhenius が化学反応速度と温度との関係を表したもので，次の式で表すことができます（**式 10-3**）．

$$k = A \cdot \exp\left(-\frac{E_a}{RT}\right) \quad \text{(式 10-3)}$$

ここで A は頻度因子，E_a は反応の活性化エネルギー（J/mol）とよばれます．R はガス定数（8.31J/mol/K）です．ここで，温度 T は絶対温度（K）であり，摂氏温度に 273 度を加えた値です．

このモデルでデータを解析するため，式両辺の自然対数をとると，次のように表されます（**式 10-4**）．

$$\ln k = \ln A - \frac{E_a}{RT} \quad \text{(式 10-4)}$$

この式から温度 $1/T$ に対して $\ln k$ をプロットします．上の大腸菌の例では，図 10-1 の B 列と F 列のデータをプロットすると，**図 10-4** に示すような結果が得られます．図の R^2 の値からもデータに高い直線性が認められます．

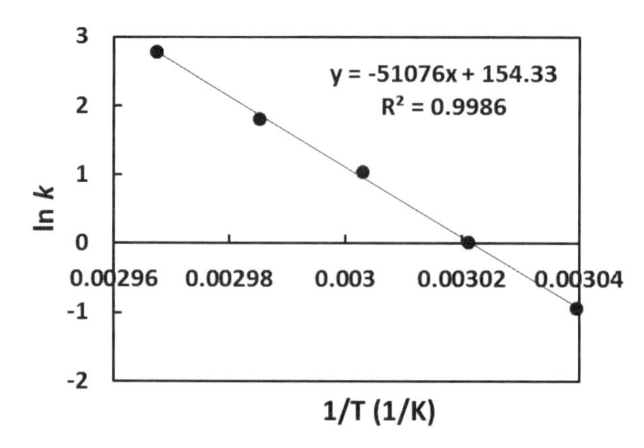

図 10-4　大腸菌熱死滅速度のアレニウスプロット Ex10-1

図 10-4 からこの近似直線の式は次のように表されます（**式 10-5**）．

$$\ln k = \frac{-51076}{T} + 154.33 \quad \text{(式 10-5)}$$

式 10-5 の近似直線の傾きが式 10-4 の $-E_a/R$ に等しく，y 軸切片が式の $\ln A$ に等しいので，それらの値から A および E_a の値を計算できます．ただし，式 10-1 と同様に近似直線の式 10-5 が得られれば，実質的には問題ありません．

さらに，Eyring によって発表された絶対反応速度論を用いると，微生物の熱死滅について活性化エントロピー，活性化エンタルピーを求めることもできます．すなわち，絶対反応速度論では，反応前の反応物（生細胞）と反応後の生成物（熱死滅細胞）の間にエネルギー的に高い遷移状態が存在し，反応物はその遷移状態を通って（越えて）生成物に変化します．この理論では死滅の速度係数は次の式で表せます（**式 10-6**）．

$$k = \frac{k_B T}{h} \cdot \exp\left(\frac{S^*}{R}\right) \cdot \exp\left(-\frac{H^*}{RT}\right) \quad \text{(式 10-6)}$$

ここで k_B はボルツマン定数，h はプランク定数，S^* は活性化エントロピー，H^* は活性化エンタルピーを示します．

実際に S^* と H^* を求めるためには，式 10-6 を絶対温度で割り，その自然対数をとります．その結果，次の式が得られます（**式 10-7**）．

$$\ln\left(\frac{k}{T}\right) = \ln\left(\frac{k_B}{h}\right) + \frac{S^*}{R} - \frac{H^*}{RT} \quad \text{(式 10-7)}$$

この式から $1/T$ に対して $\ln(k/T)$ を図 10-4 と同様にプロットすると，その切片と傾きの値から S^* と H^* が計算できます．興味のある方は計算してみてください．

温度以外の pH および食塩濃度などの要因を付加した環境要因モデルとして，微生物増殖で解説した多項式モデルがあります．多項式モデルではたとえばある温度 T（℃）および食塩濃度 S（g/l）での D 値を次の 2 次式で表すことができます（**式 10-8**）．

$$D = aT^2 + bS^2 + cTS + dT + eS + f \quad \text{(式 10-8)}$$

ここで $a, b, \cdots, f$ は係数です．微生物増殖で解説したように，実測データにフィットする最適な各係数値は，Excel のソルバーで求められます．それらの値が決まれば，この式を使って新しい温度 T，食塩濃度 S での D 値を求めることができます．しかし，実測値と推定値がフィットしているかをグラフで確認する必要が十分あります．場合によっては，次数を変えたり，条件を付けたりします．

そのほか，熱死滅速度に対するpHの影響を示すモデルとしてEyringの式を用いた例，水分活性についてArrheniusの式を用いた例もあります．

引用文献

1) H. Fujikawa et al.（1992）*Appl. Environ. Microbiol.*, 58, pp.920-924.

第11章 熱死滅の予測

11.1　温度履歴

食品を汚染する微生物の熱死滅を予測あるいは評価する時には，その温度履歴を知らなければなりません．一般に加熱中の周囲の温度が十分に高くなっていても，第6章で解説したように，食品は熱容量を持つため，食品内部の温度は周囲温度にすぐには達せず，また加熱処理後も内部温度は急激には下降しません．

さらに，食品の加熱工程自体に当然，温度変化があります．一般に加熱工程は，一定温度に達するまでの昇温過程，設定した一定温度状態，最後に冷却過程の3つの過程からなります．**図11-1** に缶詰食品での典型的な温度履歴曲線を示します[1)]．また，製品内部の部位による温度の差もあります．一般に，殺菌評価をする場合，図に示すようにその最も温度到達の遅い点（一般にその食品の中心よりやや下の点）を基に評価します．

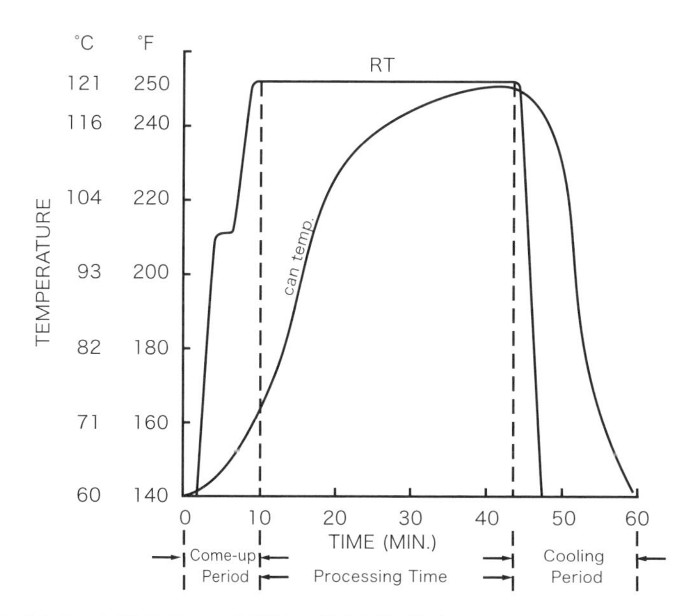

図11-1　缶詰食品での典型的な温度履歴曲線.
RT：レトルト温度，can temp：缶内で最も伝達の遅い点での温度

このように加熱殺菌工程を評価する場合，食品内で決められた点での熱死滅予測が必要です．これまで解説してきた熱死滅の基本モデルと環境要因モデルを使って，変動温度下での熱死滅を予測してみましょう．

11.2　加熱殺菌予測

殺菌工学モデルで時間 t の加熱工程中の生残率は，式 9-1 を使って次の積分式で表されます（**式 11-1**）．

$$\log\left(\frac{N}{N_0}\right) = -\int_{s=0}^{t}\left(\frac{1}{D}\right)ds \qquad (式 11\text{-}1)$$

加熱中，温度 T は時間とともに変化し，その温度での D 値は TDT 曲線から計算できるので，生残率は式 10-2 を式 11-1 の D に代入して次の式で表せます（**式 11-2**）．

$$\log\left(\frac{N}{N_0}\right) = -\int_{s=0}^{t}\left(\frac{1}{D_r 10^{\frac{T_r - T}{z}}}\right)ds \qquad (式 11\text{-}2)$$

化学反応モデルでは，時間 t の加熱工程中の生残率は式 9-4 より次の積分式で表されます（**式 11-3**）．

$$\ln\left(\frac{N}{N_0}\right) = -\int_{s=0}^{t} k\,ds \qquad (式 11\text{-}3)$$

各温度での速度定数 k はアレニウス式から計算できるので，生残率はアレニウス式 10-3 を式 11-3 の k に代入して次の式で表せます（**式 11-4**）．

$$\ln\left(\frac{N}{N_0}\right) = -\int_{s=0}^{t} A\cdot\exp\left(-\frac{E_a}{RT}\right)ds \qquad (式 11\text{-}4)$$

実際の例を使って両モデルによる生残率を予測し，それらが実測値にどれだけ近いかを比べてみましょう．ただし，実際の計算にはある時間ごとに測定した（離散）温度データから計算するため，数値計算（数値積分）で解きます．ここでは第3章で解説した台形公式を使います．

リン酸緩衝液に分散させた大腸菌の実測データの例を用いて，変動温度下における両モデルでの死滅予測をします．これまで解説した方法に従い，第1に各定常温度下（ここでは 50〜60 ℃）での死滅挙動から D 値あるいは死滅速度定数を求めます．第2にそれらを用いて TDT 曲線およびアレニウスプロットを描き，回帰直線を得ます．ある温度 T における大腸菌の死滅速度定数 k および D 値は，実測したデータから次のように表されます（**式 11-5**，**式 11-6**）．

$$\ln k = -\frac{6226}{T} + 189.2 \qquad (式 11\text{-}5)$$

$$\log D = -0.248T + 14.315 \qquad (式 11\text{-}6)$$

この 2 式を用いれば，ある時刻 t での温度 T に対して k および D の値が求められますから，時間に従って数値計算をすれば，各時刻での生残率が計算できます．

実際の数値計算をするために，上の 2 式の傾きと y 切片を**図 11-2** のセル E3-E4 および F3-F4 に示します．次に，この図の A 列に計算のステップ数，B 列に時刻，C 列にその時刻の測定温度をそれぞれ入力します．

この図の左側では化学反応モデルによる生残予測を表しています．D 列はアレニウス式 11-5 を使って各温度での $\ln k$ を求め，E 列ではその値から k を計算します．第 1 部で示した解説例で，台形公式は計算の開始行から最終行までを一体として計算しましたが，ここでは図のセル F10 から F13 の 4 ステップを 1 単位として，台形公式を当てはめてあります．4 ステップごとの計算結果を G 列に表し，H 列でそれを対数に変換しました．また，全体として生残率を滑らかな曲線で描くため，各 4 ステップ内は同じ速度で大腸菌が死滅したと均等に配分します（I 列）．これを順次繰り返して計算します．なお，このように台形公式を 4 ステップずつ計算した場合と開始行から最終行までを一体として計算した場合を比較すると，その差はほとんどありません．

殺菌工学モデルにおいても同様に，各時刻の温度から生残率を計算できます．図 11-2 に示すように，各時刻での測定温度（C 列）から式 11-6 を用いて D 値を計算します（L 列）．次いで，$1/D$ を求め（M 列），左側の化学反応モデルと同様に 4 ステップで 1 単位として台形公式を当てはめています（N 列）．その 4 ステップごとの計算結果を O 列に表し，それを均等に配分します（P 列）．

	A	B	C	D	E	F	G	H	I	J	K	L	M	N	O	P
1																
2			E.coli		Arrheniı	TDT										
3				slope	-62259	-0.248										
4				intcpt	189.16	14.315										
5	intv (s)	(min)														
6	3	0.05														
7				ARRHENIUS								TDT				
8	step n	TIME(mi	TEMP(C	ln k	k	Trapezoidal			Arr(log)	Measured		log D	1/D	Trapezoidal		TDT(log)
9	0	0	25	-19.765	2.6E-09				0	0		8.10353	7.9E-09			0
10	1	0.05	25.2	-19.625	3E-09	1.5E-09			-7E-11			8.05383	8.8E-09	4.4E-09		-4E-10
11	2	0.1	25.2	-19.625	3E-09	3E-09			-1E-10			8.05383	8.8E-09	8.8E-09		-9E-10
12	3	0.15	25.2	-19.625	3E-09	3E-09			-2E-10			8.05383	8.8E-09	8.8E-09		-1E-09
13	4	0.2	25.2	-19.625	3E-09	1.5E-09	3E-09	1	-3E-10			8.05383	8.8E-09	4.4E-09	9E-09	-2E-09
14	5	0.25	25.3	-19.555	3.2E-09	1.6E-09			-3E-10			8.02899	9.4E-09	4.7E-09		-2E-09

図 11-2　化学反応および殺菌工学モデルによる死滅予測計算　Ex11-1

このようにして死滅予測をした結果を**図 11-3** に示します[2)]．この例では温度履歴に対して両モデルによる死滅予測の差はほとんどなく，両曲線は重なっています．また，両モデルともに実測値に非常に近い予測をすることがわかります．

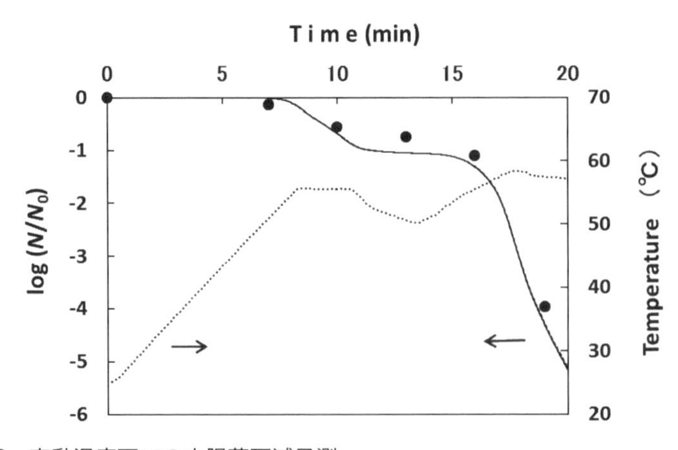

図 11-3　変動温度下での大腸菌死滅予測
大腸菌浮遊液の温度履歴（点線）から化学反応モデル（実線）および殺菌工学モデル（破線）による死滅予測を示します．黒丸は実測値を，矢印は各座標軸を示します

この例で，台形公式の代わりにシンプソンの式を用いても予測値にほとんど差はありません．興味のある方は試してください．

11.3　食品成分の失活予測

食品には，ビタミン C などのように保存中に失活する不安定な成分があります．それらの物質には失活が 1 次反応に従うものが知られています．これらもアレニウス式が得られれば，アレニウスモデルによる熱死滅の方法とまったく同じ方法で変動温度下での失活が予測できます．

実際には，**図 11-4** に示すように Excel プログラム Ex11-2 を使って予測できます．ただし，これは仮想的に作成したものです．対象物質の失活に関するデータからアレニウスプロットを作成し，その近似直線を得ます．次に，その直線の傾きと y 切片の値をセル D3 および D4 に代入します．最後に，各時刻での測定温度を B 列に代入すれば，台形則による計算からその温度履歴での失活を予測できます（H 列）．ただし，このプログラムでは時間単位は hour にしてあります．

	A	B	C	D	E	F	G	H	I
1									
2				Arrhenius plot					
3			slope	-62259		$\ln(\frac{C}{C_0}) = -\int_{s=0}^{t} k ds$			
4			intcpt	189.16					
5	Intvl (h)								
6	0.05								
7			ARRHENIUS						
8	TIME(h)	TEMP(C	ln k	k	Trapezoidal			Arr(log)	Measured
9	0	25	-19.765	2.6E-09				0	0
10	0.05	25.2	-19.625	3E-09	1.5E-09			-7E-11	
11	0.1	25.2	-19.625	3E-09	3E-09			-1E-10	
12	0.15	25.2	-19.625	3E-09	3E-09			-2E-10	
13	0.2	25.2	-19.625	3E-09	1.5E-09	3E-09	1	-3E-10	

図 11-4 変動温度下での失活予測 Ex11-2

引用文献

1) A. A.Teixeira (1992) *Handbook of Food Engineering Fundamentals, 2nd ed.*, Heldman, D. R. and Lund, D. B. ed., Marcel Dekker

2) H. Fujikawa and T. Itoh (1998) *J. Food Prot.*, 61, pp.910-912.

第12章 加熱殺菌の評価：F 値

12.1 F 値とは何か

食品，特にレトルト食品，缶詰食品などの加熱殺菌工程を評価するため，F 値という指標がしばしば使われます．この値は，基準温度 121 ℃に換算してその殺菌工程を評価します．対象微生物はボツリヌス菌芽胞とすることが一般的です．これらの食品は製造後，常温で流通・保管するので，殺菌工程でこの芽胞が一部生残したとすると，この嫌気条件では増殖する可能性があるわけです．

ある加熱工程の開始から時刻 t までの F 値は一般に次のように表すことができます（**式 12-1**）．

$$F = \int_{s=0}^{t} 10^{\frac{T-T_r}{z}} ds \qquad (式 12\text{-}1)$$

ここで，T_r は基準温度であり，通常のレトルト工程では 121 ℃ですが，それ以外の温度で考えることもできます．また，式 12-1 の $10^{\frac{T-T_r}{z}}$ を L 値（Lethal rate）ともよびます．

一般に，z 値はおよそ 10 ℃であることが多く，z=10 の場合の F 値を F_o とよびます．なお，この下添え字は"zero" ではなく，アルファベットの"oh" です．そこで F_o を英語では"ef sub oh" とよびます．

ここで，ある食品内部の加熱工程での温度履歴から F 値を計算してみましょう．対象食品の中心温度履歴を仮想してみます．ここで対象微生物としてボツリヌス菌芽胞を考え，この胞子はある一定の高温度下で 1 次死滅（対数死滅）をすると仮定します．**図 12-1**A に示す温度履歴曲線に対して F 値を計算すると，図 12-1B に示す実線が得られます．温度に応じて F 値が増加し始め，また温度が下降するに従い，値の増加は減少しています．同じ温度条件下で微生物胞子の死滅も推定してみましょう．推定結果を図 12-1B の点線に表します．F 値と同様に温度履歴に対応して死滅していくことがわかります．**図 12-2** に示すように，この加熱条件下での最終的な F 値は 7.17（セル I3）と計算され，生残率は菌数で 5.98 log 減少（セル H3）し，約 $1/10^6$ と計算されます．

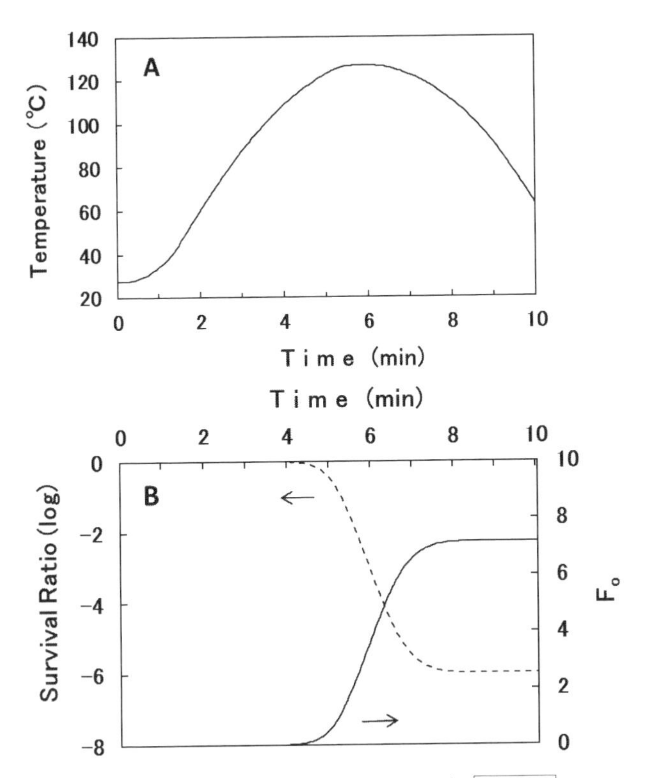

図 12-1 温度履歴曲線からの F 値および生残率の推定 Ex12-1

A 対象食品の温度履歴曲線（仮想）

B 温度履歴から得られた F 値（実線）および生残率（点線）．矢印は各座標軸を示します

実際の F 値および生残率の計算は図 12-2 に示すようになります．図の A 列に時刻，B 列にその時刻での温度を入力します．次に，B 列の温度に対する F 値の計算を H 列で行います．C 列では温度に対する D 値，D 列で $1/D$ が計算されます．F 値および生残率は，図 12-2 に示すように，時刻 0.05 分から 0.2 分までの 4 時刻を 1 組として台形公式を当てはめて計算します（セル I12:I15 およびセル E12:E15）．その結果（セル J15 および F15）を使って各曲線を描きます（K 列と G 列）．ここで z 値は 10 ℃です（セル G6）．ただし，生残率を求めるための基準温度 121 ℃での D 値をここでは 1.2 分としました（セル D6）．

	A	B	C	D	E	F	G	H	I	J	K
1											
2					F=10^((T−121)/Z)			D log	F value		
3								−5.98	7.172		
4											
5	step:	Last min		D at 121=			Z=				
6	0.05	10		1.2			10				
7											
8											
9	TDT			trapezoidal							
10	TIME(	TEMP(C	log D	1/D	partial		dec(log)	F value	partial		F value
11	0	27.5	9.429181	3.72E−10			0	4E−10			0
12	0.05	27.5	9.429181	3.72E−10	1.86E−10		−2E−11	4E−10	2E−10		2.2E−11
13	0.1	27.5	9.429181	3.72E−10	3.72E−10		−4E−11	4E−10	4E−10		4.5E−11
14	0.15	27.5	9.429181	3.72E−10	3.72E−10		−6E−11	4E−10	4E−10		6.7E−11
15	0.2	27.5	9.429181	3.72E−10	1.86E−10	3.72E−10	−7E−11	4E−10	2E−10	4E−10	8.9E−11
16	0.25	27.5	9.429181	3.72E−10	1.86E−10		−9E−11	4E−10	2E−10		1.1E−10
17	0.3	27.6	9.419181	3.81E−10	3.81E−10		−1E−10	5E−10	5E−10		1.4E−10

図 12-2　F 値および生残率の計算　Ex12-1

対象微生物の z 値が異なると，F 値および生残率はどう変わるでしょうか．図 12-2 のセル G6 に各種の値を入力すると，それぞれ推定できます．図 12-1A の温度条件下で z 値を 8 分，10 分（初期設定），12 分とした場合の F 値の計算結果を**図 12-3** に示します．z 値が小さいほど，F 値の値は大きくなります．これは定義（式 12-1）をみると，z 値が分母にあるため予想されます．

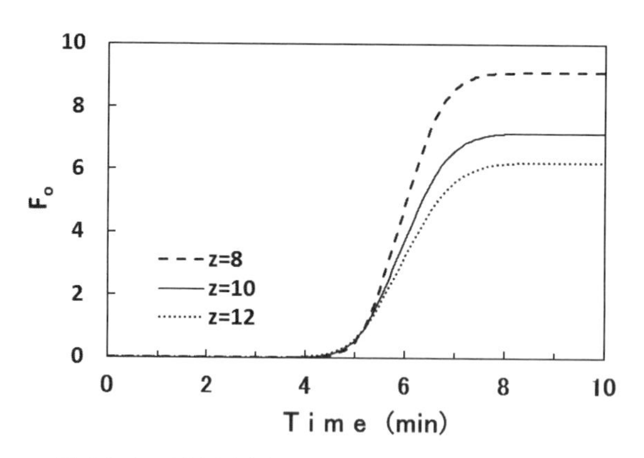

図 12-3　対象微生物の z 値が F 値に与える影響

z 値が小さいほど生残率は減少します．図 12-1A の温度条件で，z 値を変えた場合の計算結果を**図 12-4** に示します．これは z 値が小さいほど D 値が温度変化に敏感になるためです．

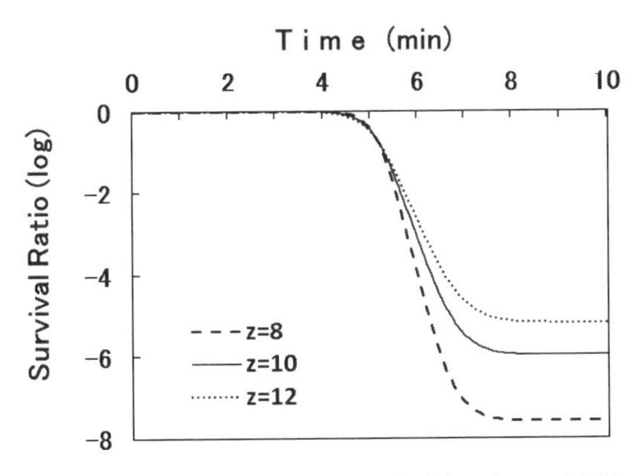

図 12-4　対象微生物の z 値が生残率に与える影響

また，温度履歴および z 値が変わらずに対象微生物の D 値が異なれば当然，生残率も変化します．実際に図 12-2 のセル D6 に各種の値を入力すれば，生残率を推定できます．例として図 12-2 の条件下で 121 ℃での D 値を 0.5 分，1 分，2 分とした場合の生残曲線を**図 12-5** に示します．D 値が小さいほど熱に対する感受性が高く，生残率が低いことがわかります．

一方，D 値が異なっても F 値に変化はありません．式 12-1 をみても D 値は含まれていません．これが F 値の特徴となっています．

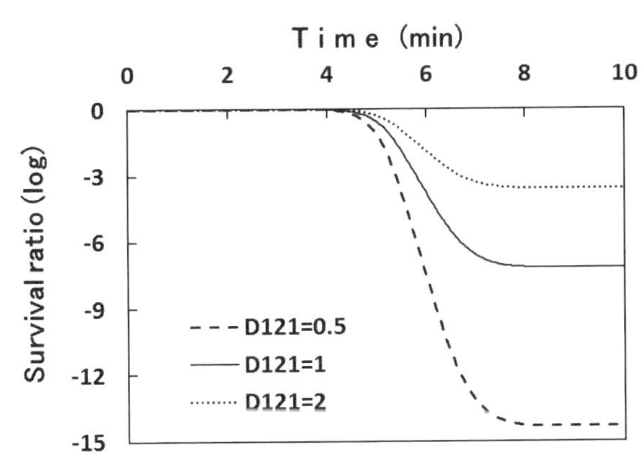

図 12-5　対象微生物の D 値が生残率に与える影響

このような温度履歴から得られる F 値以外に，微生物の死滅を基にしたもう 1 つの F 値の定義があります．この F 値は次のように定義されます（**式 12-2**）．

$$F = n \times D_{121} \tag{式 12-2}$$

ここで n は加熱による生残率の目標値（対数値）であり，$n = 5$ であれば初期菌数の $1/10^5$ に減少させる加熱殺菌工程となります．たとえば，$D_{121} = 2$（分），生残率 $n = 4$ ならば，$F = 2 \times 4 = 8$（分）となります．一般に，非病原菌で n =5〜6，ボツリヌス菌芽胞は $n = 12$ と設定されています．特に，ボツリヌス菌では，その食品中の本菌芽胞数を 12 桁減らすために有効な加熱処理という意味で「12D の概念」とよばれています．

前者（式 12-1）を F_p（プロセス process の F 値）とよび，後者（式 12-2）を F_m（微生物 microbiology の F 値）とよぶことがあります．

12.2 プロセスの F 値と微生物の F 値

2 つのまったく定義の異なる F 値は，どのように関連しているのでしょうか．結論からいえば，ある加熱工程に関して F_p=F_m の時に目標どおりの殺菌効果が得られると評価できます．

これをシミュレーションを使って解説しましょう．図 12-1A の温度履歴条件を使い，対象菌（ボツリヌス菌）の熱抵抗性も 121 ℃での D 値を 0.5 分，z 値を 10 ℃とします．殺菌目標を $n = 12$ とすると，$F_m = 0.5 \times 12 = 6$ 分と計算されます．次に，この殺菌目標を達成するために，F_o 曲線から $F_p = 6$ となる点を求めます．**図 12-6** にその点 A を示します．その時刻（点 T）は加熱開始後 6.7 分となります．その時刻での対象菌の生残率は，生残曲線上の点 B から-12（log）とわかります．このように時刻 T で $F_p = F_m$ であることがわかります．

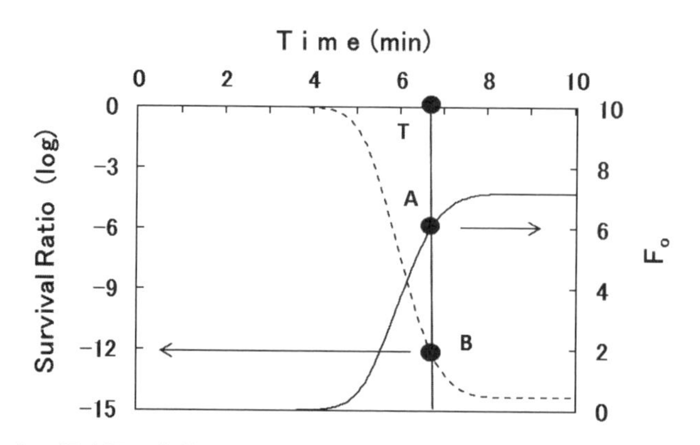

図 12-6 ある温度履歴曲線における F_p と F_m の関係
実線は温度履歴（図 12-1A）から得られた F_0 値，点線は生残率を示します．矢印は各座標軸を示します．点 T は F_0=6 となる（点 A）の時刻を表します．点 B はその時刻での死滅率を示します

この関係は温度履歴曲線，D 値および z 値が変わっても同様な結果が得られます．また，殺菌目標 n を変えてもこの関係は成り立ちます．このように，まず殺菌目標 n と基準温度での D 値から F_m 値を計算し，それと等しい値の F_p 値に達するまで加熱処理をすれば，過不足のない目標の殺菌効果（生残率 n）を達成できることがわかります．

第13章 食品内部温度と熱死滅の推定

13.1 食品内部の温度変化

これまで世界各地で，ハンバーグに生残していた腸管出血性病原大腸菌 O157:H7 による食中毒事件が起きてきました．牛肉を汚染していた本菌がハンバーグの加熱調理後も生残していたため，起きた事件です．本菌を使った実測データはないため，ここでは本菌に汚染されたハンバーグを鉄板上で加熱調理することを想定して，調理中のハンバーグ内部の温度変化とそれに伴う本菌死滅を推測してみましょう．

外界から食品への時間的な熱の伝導は，第 3 章で解説したように，熱の伝導方程式で表されます．この方程式は一般に拡散方程式とよばれ，さまざまな自然現象を記述する時に用いられる基本的な式です．ここで，単純化して生のハンバーグを鉄板上で焼くことを想定してみましょう．このハンバーグは病原大腸菌 O157:H7 に汚染されており，どの部位も均一な濃度で本菌が汚染しているとします．ハンバーグは 3 次元の物体ですが，ここでは単純化して，鉄板表面温度は常に一定で，鉄板表面からの距離が等しいハンバーグ内部の点では一様な温度であると仮定します．そのため，ハンバーグ内部の温度は，鉄板からの距離と加熱時間だけの関数として表されると考えます．したがって，鉄板から x だけ離れたハンバーグ内部の点の加熱時間 t における温度 T は次の式で表されます（**式 13-1**）．

$$\frac{\partial T}{\partial t} = k\frac{\partial^2 T}{\partial x^2} \quad \text{(式 13-1)}$$

k は温度拡散係数を示し，ここでは $1 \times 10^{-7}(\mathrm{m^2/s})$ とします．ただし，単純化するため，境界面での熱抵抗，ハンバーグ内部の水分移動などは考えません．

図 13-1 にハンバーグパテ断面図の模式図を示します．実際に厚さ 20mm のハンバーグを鉄板上で 6 分間調理した時（室温 24 ℃，鉄板表面温度 180 ℃）のハンバーグの底面と上面（図 13-1 の点 0 と点 10）を実際に測定し，その結果を初期条件および境界条件とします．

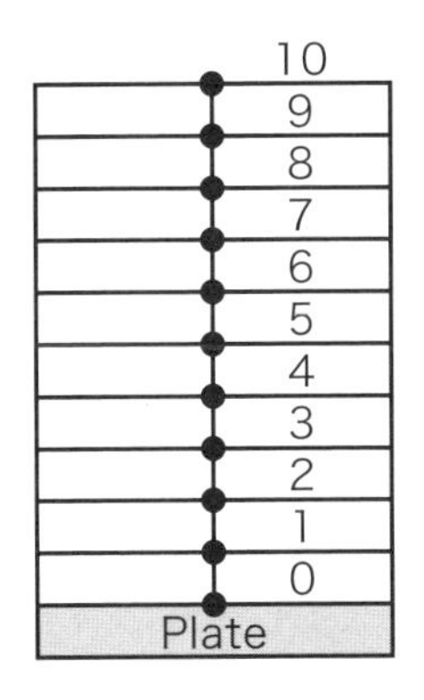

図 13-1　ハンバーグパテ断面図
パテの厚さは 20 ㎜とし，厚さ 2 ㎜の層で 10 等分して考えます．Plate は鉄板表面を，番号は各点の位置を示します

式 13-1 を数値計算によって解くと，ハンバーグ内部温度の時間的変化は**図 13-2** のように示されます．各点において調理時間とともに温度が上昇していきます．ただし，点 10 での温度上昇（実測値）は非常に遅いため，その点に近いほど温度は上昇しないことがわかります．

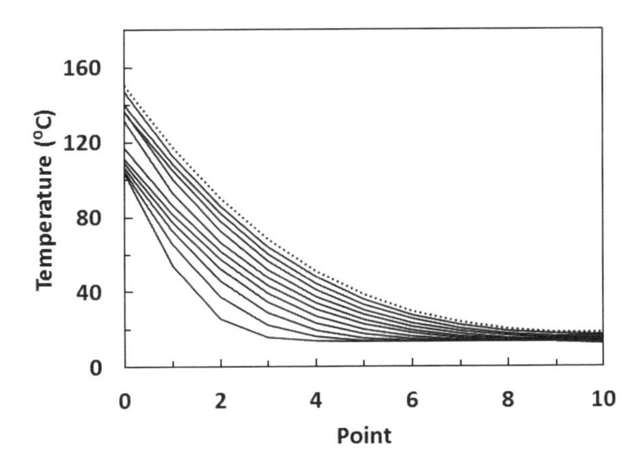

図 13-2　加熱調理中のハンバーグパテ内の温度変化推定
図 13-1 の各点（横軸に Point として表示）での加熱開始 0.5 分から 6 分まで 0.5 分ごとの温度変化を曲線で示します．点線は 6 分後の温度を示します

実際の数値計算は，式 13-1 を**式 13-2** のように離散化します．

$$\frac{T(t+\Delta t)-T(t)}{\Delta t} = k\frac{\dfrac{T_{i+1}-T_i}{\Delta x}-\dfrac{T_i-T_{i-1}}{\Delta x}}{\Delta x} = k\frac{T_{i+1}-2T_i+T_{i-1}}{(\Delta x)^2} \quad \text{(式 13-2)}$$

式 13-1 の左辺は時間 t についての 1 階微分ですから，微小時間 Δt 経過した時との差を考えます．一方，式の右辺はここでは垂直方向 x についての 2 階微分ですから，ハンバーグを上のように等間隔の格子で分けた時のある格子点 i を考えると，その前後の格子点 $i+1$ および $i-1$ での温度を使って式 13-2 のように表されます．ここでの格子点はハンバーグパテ断面図（図 13-1）の各点に相当します．Δx は格子点の間隔です．この式の両辺をさらに計算していくと，**式 13-3** が得られます．

$$T(t+\Delta t) = T(t) + k\frac{T_{i+1}-2T_i+T_{i-1}}{(\Delta x)^2}\cdot\Delta t \quad \text{(式 13-3)}$$

Excel を使った実際の数値計算はこの式に従って行います．たとえば**図 13-3** に示すように，セル F10 では 1 時間ステップ前の 3 つのセル E9，F9，G9 の温度から =F9+$L$3*(E9-2*F9+G9)/$C$4^2*$F$4 と計算されます．ここで，時間 0 でのハンバーグ温度は第 8 行に示し，ハンバーグ底面の実測温度（図 13-1 での点 0）は C 列に示してあります．また，ハンバーグの実測上面温度（図 13-1 での点 10）は M 列に示してあります．

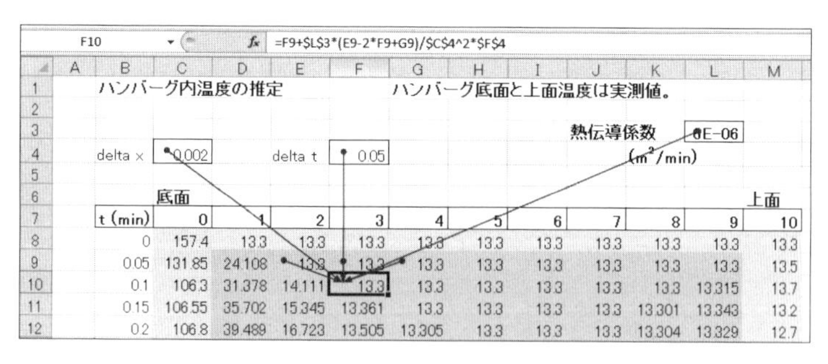

t (min)	0	1	2	3	4	5	6	7	8	9	10
0	157.4	13.3	13.3	13.3	13.3	13.3	13.3	13.3	13.3	13.3	13.3
0.05	131.85	24.108	13.3	13.3	13.3	13.3	13.3	13.3	13.3	13.3	13.5
0.1	106.3	31.378	14.111	13.3	13.3	13.3	13.3	13.3	13.3	13.315	13.7
0.15	106.55	35.702	15.345	13.361	13.3	13.3	13.3	13.3	13.301	13.343	13.2
0.2	106.8	39.489	16.723	13.505	13.305	13.3	13.3	13.3	13.304	13.329	12.7

図 13-3 ハンバーグパテの温度推定計算 Ex13-1

13.2　熱死滅の推定

図 13-2 の温度履歴から，調理中のハンバーグ各点での病原大腸菌 O157 の死滅がこれまで解説してきた方法で推定できます．ここでは殺菌工学モデルを用いて解きますので，D 値と温度 T との関係は次の式で表します（**式 13-4**）．

$$\log D = aT + b \qquad \text{(式 13-4)}$$

ここで $a = -0.2$ および $b = 11$ と仮定します．

> 実際の数値計算は，**図 13-4** に示すようにここでは台形公式を使って解きます．図 13-3 のある点での温度履歴をコピーし，C 列に貼り付けると，E 列でその各温度に対する log D を，F 列で 1/D を計算し，G 列で台形公式を使います．最後に I 列で各時間ステップの生残率を計算します．

	A	B	C	D	E	F	G	H	I
1									
2			E.coli		TDT				
3				slope	−0.2				
4				intcpt	11				
5	intv (s)	(min)							
6	3	0.05							
7					TDT				
8	step r	TIME(r	TEMP(C)		log D	1/D	Trapezoidal		TDT(log)
9	0	0	13.3		8.34	5E-09			0
10	1	0.05	13.3		8.34	5E-09	2E-09		−0
11	2	0.1	13.3		8.34	5E-09	5E-09		−0
12	3	0.15	13.3608		8.3278	5E-09	5E-09		−0
13	4	0.2	13.505		8.299	5E-09	3E-09	8E-11	−0
14	5	0.25	13.7313		8.2537	6E-09	3E-09		−0

図 13-4　ハンバーグ内の大腸菌死滅計算　Ex13-2

図 13-1 の点 1，2，3 および 4 での推定結果を例として**図 13-5** に表します．このように各点の位置により死滅に非常に大きな差がみられます．点 4 よりも上に位置する点では，6 分後も大腸菌はほとんど死滅していません．また，点 0 から点 10 まですべての点での大腸菌死滅推定値を平均して，ハンバーグ全体での死滅を推定することもできます．

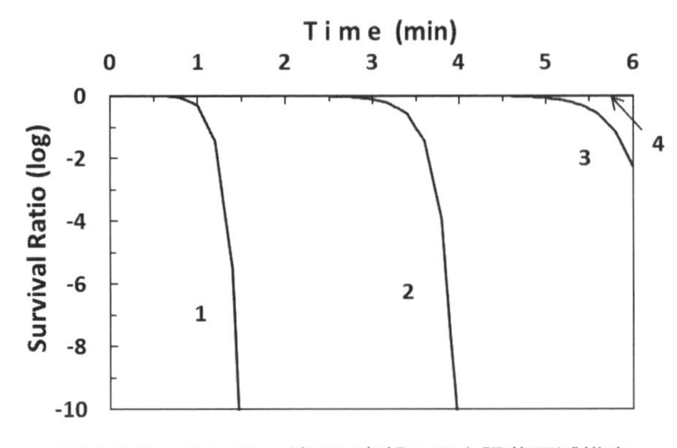

図 13-5 ハンバーグパテ内部での大腸菌死滅推定
番号は図 13-1 での点の位置を示します

次に調理開始 3 分後にパテの表裏を反転した場合を想定すると，3 分後に図 13-1 の各点の温度はすべて上下の順序が逆転します．なお，実測値がないため，ここでは反転後の温度はすべて推定値を使って行います．その結果，**図 13-6** に示すような内部温度変化が推定されます．図 13-2 と比べると，全体的に温度は均一化していますが，ハンバーグの中央部（点 5 前後）の温度はまだ十分上昇していないことがわかります．

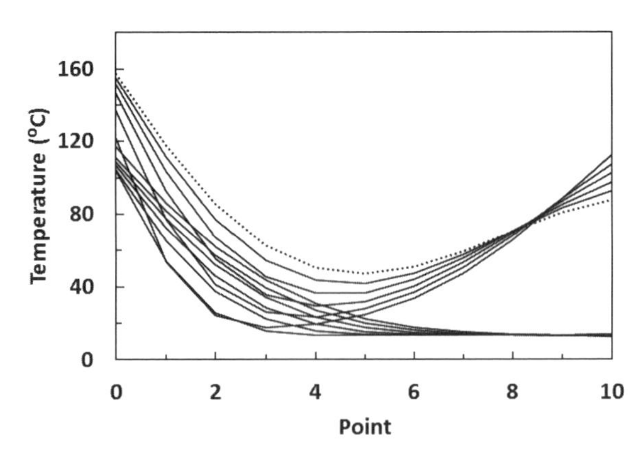

図 13-6 3 分後に反転したハンバーグパテの温度変化推定
図 13-1 の各点（横軸に Point として表示）での加熱開始 0.5 分から 6 分まで 0.5 分ごとの温度変化を曲線で示します．点線は 6 分後の温度を示します

この場合の病原大腸菌の熱死滅を同様に推定すると，**図 13-7** のように，この調理時間内では点 3 および 4 でほとんど死滅していないことがわかります．一方，点 9

では３分後の反転により急激に温度が上昇したため，熱死滅が反転後急激にみられます．

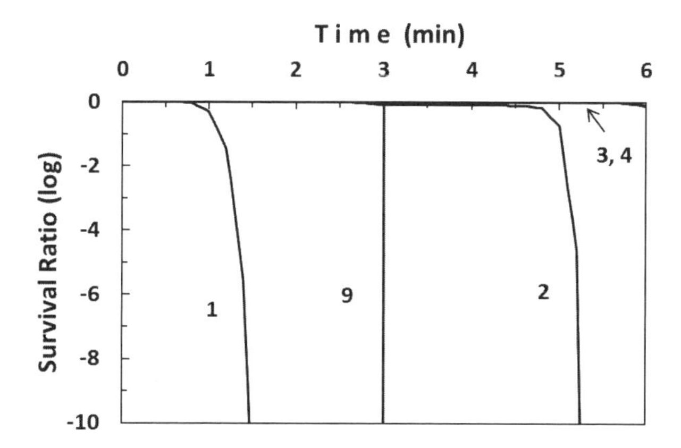

図 13-7 3 分後に反転したハンバーグパテ内部での大腸菌死滅推定
番号は図 13-1 での点の位置を示します

そのほか，鉄板上にフタをする，フタをして反転させるなどさまざまな調理方法でも，上記の方法で内部温度および大腸菌死滅が推定できます．

第 14 章 各種熱死滅モデル

これまでは微生物の熱死滅が線形（あるいは対数）死滅に従うという考えの基に解析をしてきましたが，それから逸脱する死滅パターンについてのモデル化を考えてみましょう．その代表的モデルには次の 2 つがあります．

- 正常な状態の微生物細胞が加熱中にある中間的な状態を経て死滅細胞に変化する逐次（直列）モデル（series model）
- その集団が熱抵抗性の異なる複数のグループからなると考える並列モデル（parallel model）

なお，これらのモデルは酵素の熱失活にも同様に適用されています．

14.1 逐次モデル

Prokop と Humphrey は，**式 14-1** のように，熱抵抗性細菌胞子 X_r が熱感受性細胞 X_s を経て死滅する（死滅細胞 X_d となる）という逐次モデルを発表しました．ここでは細胞 X_s もコロニー形成能を持つ生きた細胞と考えます．

$$X_r \xrightarrow{k_r} X_s \xrightarrow{k_s} X_d \qquad \text{(式 14-1)}$$

k_r と k_s は死滅の速度定数です（ただし，$k_r \neq k_s$）．このモデルは数学的に解くことができ，生残率は次の式で表されます（**式 14-2**）．

$$\frac{N}{N_0} = \frac{k_s}{k_s - k_r}\exp(-k_r t) - \frac{k_r}{k_s - k_r}\exp(-k_s t) \qquad \text{(式 14-2)}$$

ここで，N と N_0 は加熱時間 t での生残菌数および初期菌数です．exp は指数関数を示します．

本モデルで図 14-1 に示すように，*Geobacillus stearothermophilus* 胞子が示す上に凸の死滅パターンを表すことができます [1]．

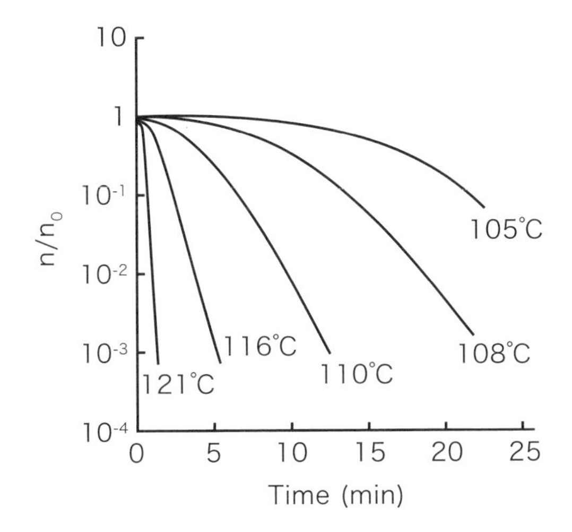

図 14-1 *Geobacillus stearothermophilus* 胞子の蒸留水中での熱死滅パターン

14.2 多集団モデル

1 つの菌株由来の細胞集団も熱抵抗性が異なる複数の集団から成り立ち，各集団は線形の熱死滅をするとします．このモデルでの生残率は次のように表せます（**式 14-3**）．

$$\frac{N}{N_0} = \sum_i a_i \exp(-k_i t) \qquad \text{(式 14-3)}$$

ここで，a_i はグループ i の加熱前の全細胞数に対する比率，k_i はそのグループ i の死滅の速度定数を示します．

通常の熱感受性の細胞群と耐熱性の細胞群とが存在すると仮定すると，リン酸緩衝液に浮遊させた真菌 *Aspergillus niger* 胞子の熱死滅は次の式のように表すことができます（**式 14-4**）．

$$\frac{N}{N_0} = r \cdot \exp(-k_1 t) + (1-r) \cdot \exp\{-k_2(t-t_d)\} \qquad \text{(式 14-4)}$$

ここで r は加熱前の耐熱性集団の比率です．k_1 および k_2 はそれぞれ耐熱性と感受性集団の死滅速度定数を示します（$0 < k_1 < k_2$）．ただし，加熱初期にみられる肩は感受性集団の時間遅れ t_d として表しています．

実測データをこのモデルに使うと，図 14-2 のように，2 相性の折れ曲がった曲線が表せます [2]．面白いことに，これより高い温度ではこの胞子は通常の直線的な死滅パターンを示します．

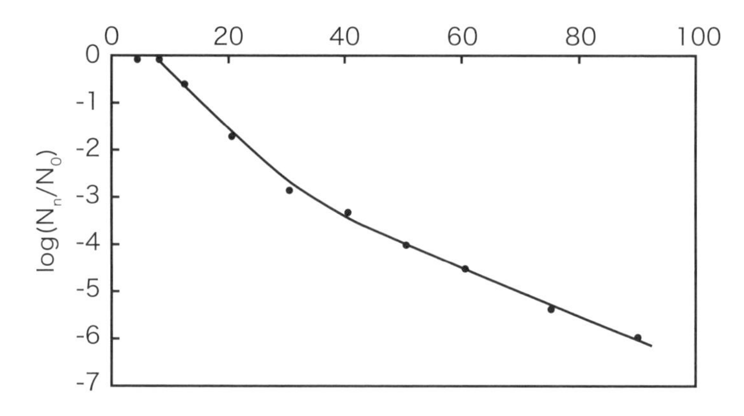

図 14-2 *Aspergillus niger* 胞子の熱死滅パターン（56 ℃）
黒丸は実測値を示します．横軸 t_h は全加熱処理時間から到達時間を引いた値が加熱時間を示します

14.3 微生物胞子の死滅

微生物では，胞子形成は細菌と真菌においてみられます．細菌では細胞（栄養細胞）内に作られ，形成された胞子は芽胞ともよばれます．細菌胞子は熱，殺菌剤，放射線など各種ストレスに対して非常に強い抵抗性を持ち，元の栄養細胞が死滅した後も生残できます．細菌胞子を作成する属はおもに *Bacillus* 属（現在は *Bacillus*, *Geobacillus*，*Paenibacillus* などいくつかの属に分類されている）および *Clostridium* 属です．

細菌胞子は，栄養や水分などの環境条件が良ければ，そこで発芽し，栄養細胞 Vegetative cell（V）となり，その栄養細胞は通常の細菌細胞と同様にさらに増殖できます．その後，栄養細胞内に胞子が作られますが，この胞子は活性化状態 Activated（A）と考えられます．活性化状態の胞子は，栄養，水分などの周囲環境が増殖に適していれば，発芽し，栄養型細胞となります．しかし，活性化状態の胞子も低温など発芽に適しない環境に長期間置かれると，徐々に休眠状態 Dormant（D）となります．休眠期の細菌胞子は条件が整った周囲環境下でも発芽しませんから，栄養分のある寒天平板培地でも増殖してコロニーを形成しないので，生きた細胞として計測できません．しかし，休眠状態の胞子に熱などのストレスを与えると活性化状態となり，栄養，水分などの条件が整った環境では発芽し，再び増殖できる栄養細胞（V）となります．このようにこれらの生理的変化は可逆的と考えられるため，次の式のように表すことができます（**式 14-5**）．

$$D \rightleftarrows A \rightleftarrows V \quad \text{(式 14-5)}$$

したがって，後述するように，ある細菌胞子集団はその一部が休眠期であることがあり，加熱を始めると試料の生菌数が加熱前の試料よりも増すことがあります．これは試料中に存在していた休眠期の胞子が加熱により活性化されて増殖能を回復したため，一時的に試料中の生菌数が増加したからです．

Shull らはこれをモデル化して，熱によって活性化胞子 A_c は速度定数 k で死滅し，また休眠胞子 D_o は速度定数 a で活性化された後，速度定数 k で死滅すると仮定しました．これを反応式で表すと**式 14-6** となります．このモデルは加熱初期における生残率の増加を十分にではありませんが，表すことができます．

$$A_c \xrightarrow{k} D$$

$$D_o \xrightarrow{a} A_c \xrightarrow{k} D \qquad \text{(式 14-6)}$$

Rodriguez らは Shull のモデルを発展させ，休眠細胞は熱によって活性化され，その活性化細胞はある速度定数で死滅するとともに，一部の休眠細胞は活性化細胞と等しい速度定数で熱死滅するというモデルを考えました．さらに Sapru らは，Rodriguez らのモデルにおいて休眠細胞と活性化細胞の死滅速度定数の値はそれぞれ異なると仮定したモデルを発表しました．Sapru らのモデルは図 14-3 に示すように生残曲線の肩をよく表すことができます[3)]．

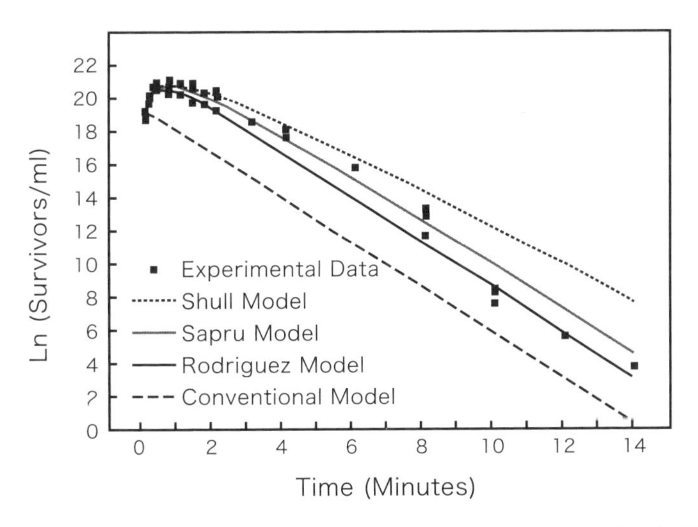

図 14-3 Sapru らのモデルによる *Geobacillus stearothermophilus* 胞子の死滅予測（120 ℃）.
黒い点は実測値を示します．上側の予測曲線から順に Shull Model，Sapru Model，Rodriguez Model，1 次反応モデル（Conventional Model）を示します．ただし，縦軸は自然対数です

Sapru らのモデルは図 14-4 に示すように変動温度下での熱死滅においても良い予測を与えます[4)].

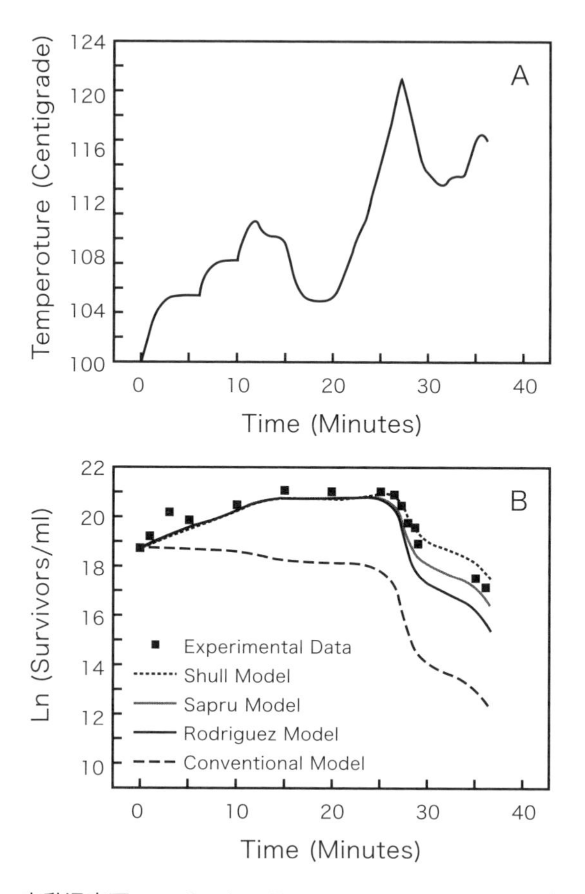

図 14-4 変動温度下での *Geobacillus stearothermophilus* 胞子の生残.
A：温度履歴曲線, B：各種モデルでの予測生残曲線と実測値.
各予測生残曲線は図 14-3 と同じです

一方，食品を汚染する真菌（カビ，酵母）には，無性胞子と有性胞子があります．両者の作られるメカニズムは大きく異なりますが，環境条件が整えばこれらの胞子は発芽し，菌糸を伸長し，成長していきます．真菌の有性胞子は無性胞子に比べ，熱などの環境ストレスに対して抵抗性が強いことが知られています．さらに，興味深いことに有性胞子に上述の休眠状態と活性化状態が認められます．したがって細菌胞子と同様に，真菌の有性胞子においても加熱，高圧などのストレスを与えた場合，その暴露初期において試料の生菌数が加熱前よりも多くなることがあります[5)]．これは，試料中の有性胞子の一部が休眠期にあり，それが環境ストレスによって再活性化され，発芽し，増殖したと考えられます．

14.4 経験論モデル

微生物細胞の熱死滅と直接の関連はありませんが，実測値とよくフィットする経験論モデルもあります．King らは微生物の生残率の対数と加熱時間の関係が次の式を用いると直線状になることを見出しました（**式 14-7**）．

$$\left(\log \frac{N_0}{N}\right)^a = kt + c \qquad (式 14\text{-}7)$$

この変換によって *Byssochlamys fulva* 子嚢胞子（有性胞子）の生残曲線における肩とそれに続く死滅を表すことができました[6)]（図 14-5）．

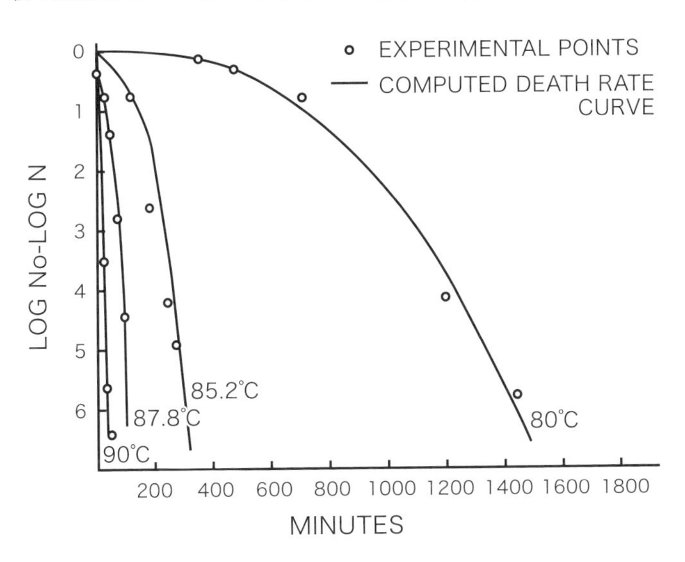

図 14-5 各種温度下での *Byssochlamys fulva* 子嚢胞子死滅曲線．
白丸は実測値，曲線は計算によります

また，似た形をしたワイブル（Weibull）関数を使った解析例も多くあります．この関数（**式 14-8**）は本来，確率密度関数ですが，実際の死滅曲線とよくフィットします．

$$\log\left(\frac{N}{N_0}\right) = -\left(\frac{t}{\alpha}\right)^{\beta} \qquad (式 14\text{-}8)$$

ここで，α および β はパラメーターです．

ワイブル関数を使った解析例を示します．ここでは，図 14-6 に示す熱死滅データ（仮想）を用います．

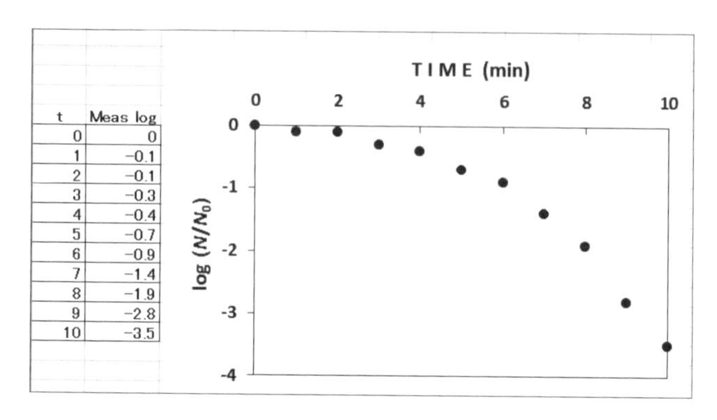

t	Meas log
0	0
1	−0.1
2	−0.1
3	−0.3
4	−0.4
5	−0.7
6	−0.9
7	−1.4
8	−1.9
9	−2.8
10	−3.5

図 14-6　熱死滅データ

これらのデータをワイブル関数でフィットさせた結果を図 14-7 に示します．ワイブル関数は図に示すように，ゆるやかな肩とその後の急速な下降をうまく表しています．

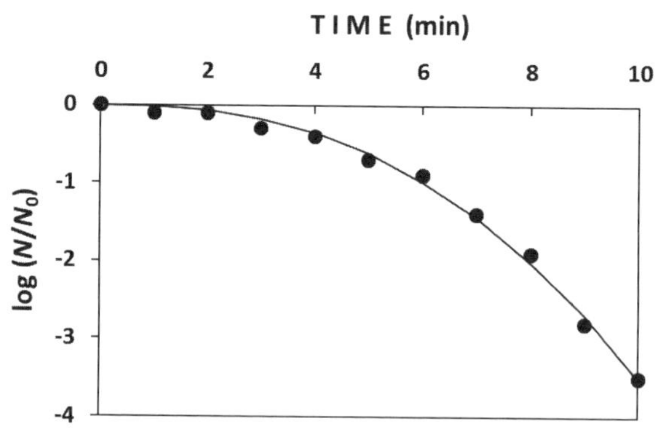

図 14-7　ワイブル関数による生残曲線 Ex14-1

ワイブル関数を用いたデータの解析は，Excel のソルバー機能を使って行えます(**図 14-8**)．実測値（生残率の対数値）は負の値となるので，直接 Excel では解析できません．そのため C 列で正の値に変換します．次にワイブル関数の係数を与えるセルを指定し（G 列），ワイブル関数を使った計算式を時間ごとに作ります（D 列）．実測値とワイブル関数による値との誤差の 2 乗を各時間で求め，それらから誤差 RMSE を求めます（E 列）．次に，これまで解説してきたソルバーを呼び出します．目的セルとして誤差 RMSE を表すセル（E17）を選び，変数セルとして α および β のセル（G2 および G3）を指定します．最後に，「解決ボタン」を押すと，α および β の最適な解が得られます．それらから生残曲線を表したグラフが図 14-7 です．

	A	B	C	D	E	F	G
1							
2						alpha	6.04741
3						beta	2.49342
4							
5	t	Meas log	Meas log	Weibull	dif		Weibull
6	0	0					0
7	1	−0.1	0.1	0.01125	0.00788		−0.0113
8	2	−0.1	0.1	0.06336	0.00134		−0.0634
9	3	−0.3	0.3	0.17413	0.01584		−0.1741
10	4	−0.4	0.4	0.35678	0.00187		−0.3568
11	5	−0.7	0.7	0.62236	0.00603		−0.6224
12	6	−0.9	0.9	0.98057	0.00649		−0.9806
13	7	−1.4	1.4	1.44014	0.00161		−1.4401
14	8	−1.9	1.9	2.0091	0.0119		−2.0091
15	9	−2.8	2.8	2.69493	0.01104		−2.6949
16	10	−3.5	3.5	3.50461	2.1E−05		−3.5046
17					0.25303	RMSE	

図 14-8 ワイブル関数による解析 Ex14-1

14.5　各種の加熱殺菌方法

今まで述べてきたモデルはすべてバッチによる加熱に関するものですが，それ以外の加熱殺菌方法についても簡単に説明します．

現在の食品製造では，パイプ内の連続したフローでの液状食品の加熱も多く行われています．フローにおける微生物の熱死滅に関しては，その原材料のパイプ内での滞留時間と温度から計算されています．しかし，同じ微生物でも，回分によって求めた場合と，連続したフロー中で求めた場合とで D 値が異なるという報告もあるため，注意が必要です．

通常の伝導加熱以外の熱殺菌に対する殺菌速度については，あまり研究報告例が多くはありません．マイクロ波照射殺菌について Fujikawa らは，浮遊させた大腸菌の死滅速度を連続した3つの1次死滅反応式で近似し，浮遊液の温度上昇速度と死滅の各速度係数との関係を明らかにしました[7]．また，マイクロ波殺菌による死滅速度は，同じ温度上昇速度の通常の加熱殺菌によるものと明らかな差が認められませんでした．また通電加熱殺菌（オーミック加熱殺菌）については，Palaniappan and Sastry が死滅速度において通常の加熱殺菌との間に有意な差はほとんどみられなかったと報告しています[8]．遠赤外線照射については，橋本らは遠赤外線照射のほうが通常の伝導熱の場合よりも微生物の死滅速度が速かったと報告しています[9]．

14.6　加熱殺菌測定における注意点

加熱殺菌測定の際，対象微生物の熱に対する生理学的特性について考慮する必要があります．一般に対数増殖期の細胞は，定常期の細胞よりも各種ストレスに対する感受性が高いことが知られています．凍結・解凍条件によって微生物の熱抵抗性が低下する場合があります．また，ある微生物集団が熱処理されると，死滅する細胞以外に非致死的な損傷を受けた細胞群も生じます[10]．このような損傷細胞は適した培地中でも増殖までのタイムラグが長いことが知られています．

引用文献

1）Prokop, A. and Humphrey, A. E. (1970) *Disinfection*, M. A. Barnardo ed., Marcel Dekker

2）H. Fujikawa, et al.（2001）*Biocont. Sci.*, 6, pp.17-20.

3）V. Sapru, et al.（1992）*J. Food Sci.*, 57, pp.1248-1252.

4）V. Sapru, et al.（1993）*J. Food Sci.*, 58, pp.223-228.

5）Y. Kikoku.（2003）*J. Food Sci.*, 68, pp.2331-2335.

6）A. D. King et al.（1979）*Appl. Environ. Microbiol.*, 37, pp.596-600.

7) H. Fujikawa, et al.（1992）*Appl. Environ. Microbiol.*, 58, pp.920-924.
8) S. Palaniappan et al.（1992）*Biotech. Bioeng.*, 39, pp.225-232.
9) 橋本篤，他（1991）『化学工学論文集』17, pp.627-633.
10) 土戸哲明（1999）『日本食品科学工学会誌』46, pp.1-8.

第15章 その他の物理化学的ストレスによる死滅

15.1 化学物質による死滅，増殖阻害の評価

化学物質を用いて微生物を制御する際，その濃度によって静菌的（増殖阻害）に働くか，あるいは殺菌的に働くか作用が異なる場合があります．

最初に殺菌的に働く場合を考えます．対象化学物質の濃度 C と生残率との関係は，経験的に**式 15-1**（Chick-Watson の法則）で表されます．

$$\log\left(\frac{N}{N_0}\right) = -KC^n t \quad \text{(式 15-1)}$$

ここで，K は比例定数，n は殺菌濃度指数とよびます．化学物質による殺菌速度モデルの基本は n=1 で，加熱殺菌と同様に 1 次死滅モデルです．実際に 1 次死滅が多いことが知られています．

式 15-1 で n=1 と考えられる場合，K の値を実測データから求めるには，濃度と暴露時間の積の各値（横軸）に対する生残率（縦軸）から，まず生残曲線を描きます．次に，これまで解説した Excel の「近似曲線のオプション」の「線形近似」を使って K の値（傾き）が得られます．

> K と n の両方を実測データから推定する場合は，次の手順で行えます．たとえば濃度 C_1 で各暴露時間（横軸）における生残率（縦軸）から生残曲線を描き，これまで解説した「近似曲線のオプション」の「線形近似」を使って-KC_1^n の値を得ます．この操作を濃度 C_2，C_3，・・・でも行います．こうして各種の濃度 C に対する-KC^n の値が得られたので，両者を Excel 上でグラフに表します．ただし，その際，「累乗近似」機能を使うためには濃度 C に対する KC^n（正の値）をプロットする必要があります．次に「近似曲線のオプション」の「累乗近似」を使うと，K と n の値を同時に推定できます．ソルバーを使った解法もありますが，この方法のほうが簡単でしょう．

次に，化学物質による微生物の増殖阻害は，その増殖挙動におけるラグタイムの延長，対数期の速度定数低下，定常期の最大菌数低下に分けることができます．このうち，対数期の速度定数の低下を H_O，ラグタイムの延長を H_A とし，次のように定義します（**式 15-2**）．

$$H_O = 1 - \frac{k_G}{k}$$
$$H_A = 1 - \frac{\tau}{\tau_G} \qquad (式 15\text{-}2)$$

ここで，k および k_G は化学物質を添加しない場合と添加した場合の増殖速度定数，τ および τ_G はそれぞれラグタイムの長さです．この 2 つの指標 H_O と H_A を使って，その化学物質による殺菌を評価できます．

実測データから H_O と H_A の値を得られます．たとえば，増殖阻害物質を添加した場合と添加しない場合（対照）の増殖データを，第 4 章で説明した NL モデルを用いた解析プログラムで解析します．その結果，各増殖曲線における速度定数とラグタイムの長さを得られるので，それらを用いて H_O と H_A を計算できます．

15.2 放射線による殺菌

放射線照射による殺菌については，生残率と線量のとの間に一般に指数関数的な関係が認められます．この関係を表すモデルとして標的理論がよく知られています．

基本モデルとして 1 ヒット理論があります．この理論ではその細胞には 1 つの標的しかなく，その標的は放射線による 1 つのヒットで不活化し，その結果，細胞も死滅すると仮定します．標的内にヒットが起こる確率はポアソン分布に従うと考えられ，線量 D での生残率は次の**式 15-3** で表されます．

$$\frac{N}{N_0} = \exp(-kD) \qquad (式 15\text{-}3)$$

ここで k は比例定数です．

実際に解析する場合は，この死滅は上の式で示されるように 1 次反応ですから，熱による死滅と同じ方法で，まずデータをグラフ化し，Excel の近似曲線機能の直線近似を使って解析できます．

この 1 ヒット理論に当てはまらない死滅現象（肩のある死滅曲線）には，多重標的モデルがあります．これは 1 つの細胞内に m 個の標的があり，各標的は 1 ヒットで不活化され，m 個の標的すべてが不活化された場合にその細胞は死滅すると考え，次の式で与えられます（**式 15-4**）．

$$\log \frac{N}{N_0} = \log m - kD \qquad (式 15\text{-}4)$$

図 15-1 に多重標的モデルによる死滅の模式図を示します．各生残曲線の直線部分を線量 0 の方向に外挿した時，y 切片の値が標的数を表します．実際に解析する場合は，まず実測データを Excel でグラフ化します．次に，Excel の近似曲線機能の直線

近似を使って解析し，k および m の値を得ることができます．

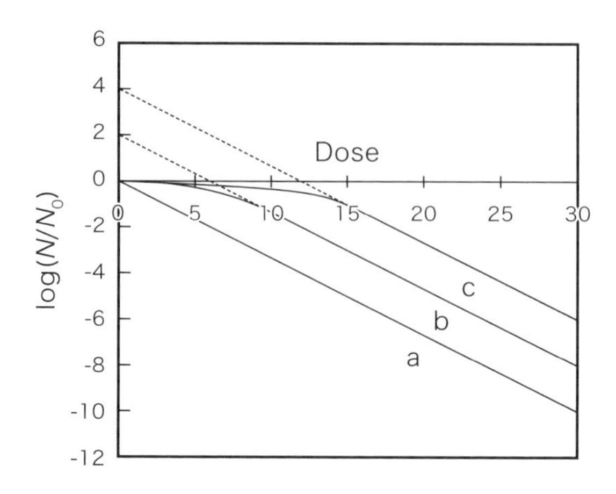

図 15-1 標的理論による微生物死滅曲線．
a. 単標的理論による死滅曲線，b. 多重標的理論による死滅曲線（標的数 $100 = 10^2$），c. 多重標的理論による死滅曲線（標的数 $10,000 = 10^4$）．

コラム

コラム 1
温度積算計

ある生鮮食品あるいは原材料が，保管・輸送される過程で 10 ℃以下に管理されれば，その食品中の微生物増殖は制御されると一般に考えられます．しかし，食品が高温に暴露されると汚染していた微生物は増殖し，その後再び冷蔵しても一度増殖した微生物数は減少しません．そのため，保管・輸送の過程で食品の温度履歴がどうであったかを知ることは，安全性からも品質的にも非常に重要です．この過程での温度履歴を計測あるいは推定するために開発されたものが温度積算計（Time-Temperature Integrator あるいは Indicator：TTI）です[1]．

温度積算計は，一般に，温度と時間に従ってその内部の物理的，化学的あるいは生物学的反応が進み，その反応が可視化される装置，器具を指します．サイズが小さいため，包装食品などの表面に張り付けることもできます．一方，広義の温度積算計として食品の連続温度測定をするデジタル温度計も含まれると考えられます．

温度積算計は，物理的，化学的，生物学的温度積算計の 3 つに分類できます．

物理的温度積算計の例として，透明な小型パウチ内に封入した物質の拡散を可視化した温度積算計があります．代表的なものが Monitor Mark™（3M，アメリカ）で，肉眼で色調変化を識別できるように開発されています．また，食品の表面あるいは内部温度を連続的に測定するデジタル温度計も一種の物理的温度積算計と考えられます．しかし，経時的な温度データだけでは，微生物増殖あるいは品質劣化を直接予測することはできないので，何らかの変換が必要となります．そこでこれまで解説してきたように，NL モデルなどの増殖モデルを使って微生物増殖を予測します．本書のコラム 2 にあるように，温度データからの増殖予測プログラムがいくつか食品産業センターのサイトから無料でダウンロードできます．

化学的積算計では，パウチに封入した物質の反応が温度と時間に従って進むと，それが色調の変化として判別できるものが開発されています．肉眼で色調変化を識別できるので，特殊な計測機器がなくても使用できます．対象となる物質として，無機物あるいは酵素が使われています．実際に製品化されている例として CHECK POINT®（Vitsab，スウェーデン）などがあります．

生物学的積算計としては，パウチに封入した指標微生物の増殖による pH の変化を色調変化として測定するものがあります．たとえば，eO®（Cryolog，フランス）のように，封入された乳酸菌の増殖によってパウチ中の糖が消費され，有機酸が生成されることを利用して，pH 指示薬の色調変化として表すものが開発されています．また，酵母を入れた液体培地をパウチに封入し，酵母の増殖に従って発生した気泡の量によって判定するタイプもあります．

最近，化学的温度積算計の1つとして，山本と一色はメイラード反応を利用した温度積算計のプロトタイプを開発しました[2)]．この温度積算計は，糖（D-キシロース）とアミノ酸（グリシン）の各水溶液を封入させた2つの透明パウチ（各 $15 \times 25 \times 1$ mm）からなり，両パウチの境界部を手で壊して混合させることにより，メイラード反応を開始させます．混合した溶液の色調は，最初は無色透明ですが，反応が始まると水色となり，さらに青緑色，褐色へと変化します．この色調変化速度は温度によって異なります．

この積算計の最大の利点は，両溶液を混合するまでメイラード反応が起こらないため，使用するまで室温で保管できる点です．その他の化学および生物学的積算計は，測定開始まで冷蔵（または冷凍）しておかなければ反応が進んでしまいます．また，この積算計の色調変化は鮮明で，肉眼でも識別しやすい利点もあります．

この色調変化を色差（ΔE^*_{ab} 値）として分光測色計で測定すると，色調変化は時間とともにS字曲線状に増加し，その増加量はNLモデルによって高い精度で表せます[3)]．また，各温度での色調変化の速度定数は，アレニウスモデルで高い精度で表せます．さらに，変動温度下における本積算計の色調変化は，NLモデルで非常に高い精度で予測できます．

次に，本積算計の色調変化と食品中の微生物増殖を例として，前述したサルモネラ増殖データを使って比較すると，本積算計で色差が約5上昇した（肉眼による色調では水色に達した）時点が，汚染微生物の増殖初期に相当します．ですから，ユーザーは本積算計の色調が無色から水色に変化した時点で，その食品汚染微生物の初期増殖が起きたと推定できます．本積算計は今後さらに各種微生物の増殖に合わせた改良が期待できます．

引用文献

1）藤川浩（2009）『防菌防黴』37, pp.113-116.
2）山本貴志，一色賢司（2012）『日本食品化学会誌』19, pp.84-87.
3）H. Rokugawa and H. Fujikawa（2015）*Food Cont.*, 57, pp.355-361.

コラム 2
微生物増殖および死滅の公開プログラムとデータベース

これまで微生物の増殖および死滅について，いくつかの数学モデル，プログラムを解説してきました．ここでは現在国内において入手できるプログラム，データベースをいくつか紹介します．

これらは一般財団法人食品産業センターの「HACCP 関連情報データベース」に解説があり，ここから無償で入手できます．すなわち，食品産業センターのウェブサイト（http://www.shokusan.or.jp/）に入り，「HACCP 関連情報データベース」を選びます．次に，その中の「予測微生物モデル」のセクションに，解説と各種プログラムおよびデータベースが載っています．

このセクションには，NL モデルを用いた増殖予測モデルとして大腸菌・黄色ブドウ球菌・腸炎ビブリオに対するプログラム，腸炎ビブリオに対する塩分濃度と pH，温度に関するプログラム，サルモネラに対するプログラムがあります．また，増殖データの解析プログラムとして NL モデルを用いたプログラムが掲載されています．国内のデータベースとして Microbial Responses Viewer（MRV）(http://mrvclassic.azurewebsites.net/#/Home)，海外のデータベースとして病原菌モデリングプログラム Pathogen Modeling Program（PMP）（http://pmp.errc.ars.usda.gov/PMPOnline.aspx）と Combase（http://www.combase.cc/ja/）が載っています．PMP はアメリカ農務省東部研究所で開発された予測プログラムで，Combase はアメリカ，イギリス，オーストラリアなどの研究者を中心として作られた総合的なデータベースです．

微生物の増殖に関してこれらのプログラムを使う場面は，次の 2 つに分けられます。

1. すでに経時的な増殖データを持っていてそれを増殖モデルでフィッティングして解析し，さらに予測したい場合
2. 解析する増殖データはないが，対象微生物が各種の環境条件下でどのように増殖するかを知りたい場合

データ解析プログラムとしては，NL モデルによる解析プログラムが本書および食品産業センターの「微生物増殖解析プログラム」から入手できます

(http://www.shokusan.or.jp/haccp/yosoku/1_1_yosoku3.html)．また，前述したDMFit（http://www.combase.cc/tools/）を使ってBarモデルなどによる解析ができます．

予測プログラムとしては，NLモデルによるプログラムが上述した食品産業センターのウェブサイトから入手できます．対象微生物は大腸菌，腸炎ビブリオ，黄色ブドウ球菌です．なお，黄色ブドウ球菌については牛乳中でのエンテロトキシンAの産生量も予測できます．また，鶏肉，液卵中でのサルモネラ増殖予測にはそれぞれプログラムがあります．牛肉中のサルモネラに対するプログラムも掲載されます．前述したPMPおよびCombaseでも各種条件下での対象微生物の増殖予測ができます．また，ComBaseに収録されているデータから抽出した環境条件における微生物の増殖/非増殖データを検索するプログラムとして前述したMRVがあります．

微生物の熱死滅データベースに関しては，ComBaseにも収録されています．国内ではThermoKill DataBase（http://www.h7.dion.ne.jp/~tbx-tkdb/index.html）（有料）があり，各種微生物のD値，z値などに関する詳細なデータが集められています．

参考図書および解説

参考図書

- 高橋大輔（1996）『理工系の基礎数学「数値計算」』岩波書店
- 岩井裕，他（2007）『エクセルとマウスでできる熱流体のシミュレーション』丸善
- 巌佐庸（1998）『数理生物学入門―生物社会のダイナミックスを探る』共立出版
- 清水潮（2012）『食品微生物の科学（第3版）』幸書房
- 五十部誠一郎，藤川浩，宮本敬久（編）（2008）『フレッシュ食品の高品質殺菌技術』サイエンスフォーラム
- 稲津康弘，他（2013）『微生物コントロールによる食品衛生管理』NTS
- 渡部一仁，土戸哲明，坂上吉一（編）（2011）『微生物胞子－制御と対策』サイエンスフォーラム
- 柳田友道（1981）『微生物科学　第2巻　成長・増殖・増殖阻害』学会出版センター

解説

- 藤川　浩（2007）「食品における微生物増殖予測のための新ロジスティックモデルの開発」『日本食品工学会誌』88, pp.99-108.
- 藤川　浩（2002）「加熱処理による微生物死滅の予測とその評価」『日本食品工学会誌』3, pp.65-78.

索　引

■た

■な

■は

〈著者略歴〉

藤川　浩（ふじかわ　ひろし）

1979年　北海道大学獣医学部卒業
1988年　東京都立大学大学院理学部化学研究科　学位取得
現　在　東京農工大学農学部共同獣医学科教授

■ 主な著書

『実践に役立つ食品衛生管理入門』（講談社，2014），『獣医公衆衛生学Ⅰ』（文永堂出版，2014），『食品微生物学の基礎』（講談社，2013），『微生物コントロールによる食品衛生管理』（NTS，2013），『微生物胞子』（サイエンスフォーラム，2011），『食品微生物学辞典』（中央法規，2010），『食品安全の事典』（朝倉書店，2009），『フレッシュ食品の高品質殺菌技術』（サイエンスフォーラム，2008），『微生物の事典』（朝倉書店，2008），『リスク学用語小辞典』（丸善，2008），『食品変敗防止ハンドブック』（サイエンスフォーラム，2006），『食品工学ハンドブック』（朝倉書店，2006），『食品のストレス環境と微生物』（サイエンスフォーラム，2004），『食の安全とリスクアセスメント』（中央法規，2004），『有害微生物管理技術 I．原料・製造・流通環境における要素技術とHACCP』（フジテクノシステム，2000），『熱殺菌のテクノロジー』（サイエンスフォーラム，1997），『食品への予測微生物学の適用』（サイエンスフォーラム，1997）

Excelで学ぶ食品微生物学
—増殖・死滅の数学モデル予測

平成27年12月18日　　第1版第1刷発行

著　者　藤川　浩
発行者　村上和夫
発行所　株式会社 オーム社
郵便番号　101-8460
東京都千代田区神田錦町3-1
電話　03(3233)0641(代表)
URL　http://www.ohmsha.co.jp/

組版　トップスタジオ　　印刷・製本　三美印刷
ISBN978-4-274-21821-7　Printed in Japan

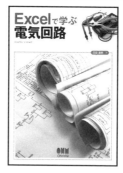